Hanna Katrin Stephan

Dog's Kitchen

blv

Inhalt

Dog's Kitchen

EINE HOMMAGE AN DIE HUNDESCHNAUZE

Der Hund ist der beste Freund des Menschen. Dass dieser Satz gelebte Wahrheit ist, bekomme ich jeden Tag bei meiner Arbeit mit Hunden und ihren Herrchen hautnah mit. Ein Hund ist heutzutage viel mehr als nur ein Haustier. Er ist vollwertiges Familienmitglied, Seelenverwandter und kuscheliger Tröster in schweren Zeiten. Er reicht uns die treue Pfote, wenn wir traurig sind, und unterstützt uns, egal in welcher Lebenssituation. Grund genug, seinem Hund nur das Beste zu bieten: viel Auslauf an der frischen Luft, möglichst viele Stunden mit Herrchen oder Frauchen, viele Spieleinheiten und natürlich nur das Allerbeste in seinem Napf! Selbstverständlich kann ein Hund auch aus der Dose gut ernährt werden, wenn das Futter hochwertig und naturbelassen ist. Wer jedoch etwas eigenes Besonderes zubereiten möchte und/oder einen Spezialfall auf vier Pfoten zu Hause hat, der kann seinem besten Freund ohne viel Aufwand im Handumdrehen auch selbst etwas zubereiten – sei es als Schmankerl an besonderen Tagen, als willkommene Abwechslung zwischendurch, während einer Krankheitsphase oder als tägliches frisches Menü im Napf.

Bei *Dog's Kitchen* finden Sie für alle Pfoten, für alle speziellen Anforderungen Ihres Hundes und für alle Gelegenheiten das richtige Rezept. Natürlich können Sie die Rezepte auch als Anregung nutzen, wie Sie den Napf Ihres Gourmethundes sinnvoll und gesund füllen und aufwerten können.

Hanna & Schokoschnute

EIN STARKES TEAM AUS DEM HOHEN NORDEN

Seit Kindesbeinen haben Tiere mein Leben geprägt. Aufgewachsen im rauen Norden mit Familienhund und vielen Ponys, musste nach der Schule natürlich auch etwas »Tierisches« das weitere Berufsleben prägen. Damit fiel die Wahl auf das Studium der Tiermedizin an der TiHo Hannover. Doch so romantisch wie in meinen Vorstellungen war das Studium in Hannover weiß Gott nicht. So viele Tierarten es gibt, so viel gibt es auch über sie zu lernen – schließlich weist ein Pferd naturgemäß eine andere Anatomie auf als ein Hund oder ein Kanarienvogel. Auch die richtige Ernährung der unterschiedlichen Spezies ist von deren jeweiligen Bedürfnissen abhängig und verlangt selbstverständlich individuelles Wissen. Und so mussten meine Kommilitonen und ich uns durch Berge von Anatomie-Folianten, Chemie-Tabellen und unzählige Prüfungen kämpfen, bis der Traum, als Tierärztin zu arbeiten, endlich in Erfüllung ging.

Kaum dem Lernwahn an der Uni entkommen, habe ich mich dann ganz auf mein heutiges Steckenpferd konzentriert: die Tierernährung. Inspiriert durch meine Bretonenhündin Emily und ihre spätere Tochter Schokoschnute (sowie deren vier Geschwister) waren Hundeernährung und deren Auswirkung auf Gesundheit und Fitness der Tiere immer ein zentrales Thema für mich.

Die ersten Anfänge machten Emily, Schokoschnute und ich mit dem Aufbau einer kleinen Hundemarke, die ausschließlich medizinische Diätfuttermittel für Hunde und Katzen herstellte. Nebenher betreute ich die Sprechstunde einer Praxis für Kleintiermedizin. Durch diese ersten wichtigen Erfahrungen, unzählige Fort- und Weiterbildungen und den Beginn einer Promotion auf dem Gebiet der Tierernährung habe ich mich als Expertin auf diesem Gebiet etabliert.

Ab 2014 habe ich die Produktentwicklung und Ernährungsberatung für Terra Canis übernommen und leite diese bis heute. Im Mai 2017 habe ich speziell für Tierärzte meine selbst entwickelte medizinische Linie »Alimentum Veterinarium« für Terra Canis auf den Markt gebracht.

Meine Bretonenhündin Schokoschnute bietet mir nicht nur jeden Tag Inspiration, sie hat auch stets den richtigen Riecher für die beste Kost im Hundenapf und vertritt damit die Meinung eines richtigen Feinschmeckers!

Aus dem Antrieb heraus, mein breites Wissen – durch Studium, Wissenschaft, Fortbildungen und natürlich eigene Erfahrungen gesammelt – möglichst vielen Zwei- und Vierbeinern mit Spaß und einer persönlichen Note näherzubringen, ist die Idee zu *Dog's Kitchen* entstanden. Alle Rezepte im Buch sind nicht nur schon einmal in unserer Küche zubereitet worden, sondern selbstverständlich auch von Schokoschnute – inzwischen selbst ein echter Ernährungsprofi – zur Probe gefressen worden.

Bei jeder Zubereitung sollten Sie aber bitte immer die Kirche im Dorf lassen. Der Hund wird nicht glücklicher und gesünder, wenn Sie akribisch genau an Grammzahlen und Messlöffeln festhalten – davon hängt kein Hundeleben ab. Darum dürfen es hier und da auch einmal zehn oder auch 50 g mehr sein, oder es darf zu einer alternativen Zutat gegriffen werden, wenn nicht alles im Haus ist, was auf dem Menüzettel steht. Wer sich bei diesem Aspekt einmal ehrlich selbst fragt, wie sein eigenes Essverhalten aussieht, merkt schnell: Hundertprozentig

ausgeglichen und nach den neusten wissenschaftlichen Erkenntnissen optimiert ist das, was da täglich auf unseren Tellern landet, auch nicht immer. Oder halten Sie sich bei jedem Menü an die genaue Grammzahl und rechnen im Vorfeld die exakt benötigte Kalorienmenge für Ihr Körpergewicht aus? Ganz bestimmt nicht! Denn man muss auch mal genießen können. Deswegen ist es zwar gut zu wissen, wie die ideale Zusammensetzung aussieht, doch eine ungefähre Berechnung ist in jedem Fall vertretbar. Das Menü wird dem Hund genauso gut bekommen und vor allem schmecken. Hundeindividuelle Anpassungen sind kein Problem und sogar erwünscht. Schließlich ist jeder Hund ein Individuum und verdient es, als solches behandelt und ernährt zu werden!

Wir wünschen ganz viel Spaß mit unserer *Dog's Kitchen* und selbstverständlich allen Vierbeinern einen guten Appetit!

Der Hund

EIN WOLFSNACHKOMME, DEN WIR LIEBEN

Die Charakterzüge, die den Hund als besten Freund des
Menschen auszeichnen, sind auch dem Wolf eigen.
Die Aufzucht seines Nachwuchses und die Fürsorge für
alte und verletzte Rudelmitglieder sind beispielhaft.
Mit dem Hund haben wir uns dieses Vorbild an unsere
Seite geholt und profitieren lebenslang von der sozialen
Kompetenz dieser treuen Tiere.

Unzählige Theorien über Abstammung und Domestikation des heutigen Hundes haben die Wissenschaft über viele Jahre auf Trab gehalten: Während einige Verfechter an eine Verwandtschaft mit Schakalen glaubten, hielten die anderen am »Stammesvater Grauwolf« fest. In der Wissenschaft wurde sogar eine Mischung zwischen Schakal und Grauwolf für möglich gehalten. Allem Raten und Forschen wurde in den 80er-Jahren durch eine umfassende Genforschung ein Ende gesetzt. Unumstößlich stand nun fest: Der beste Freund des Menschen entwickelte sich vor vielen tausend Jahren aus den wilden Rudeln des Grauwolfes.

Die gemeinsame Geschichte von Mensch und Wolf begann, als die Menschen Wolfs-welpen zähmten und aufzogen. Auf diese Weise wurde aus dem Wildtier Wolf ein Hauswolf, der friedlich neben den Menschen lebte. Die Menschen profitierten vom neu domestizierten Haustier und gingen mit ihm gemeinsam auf die Jagd. Aus den besonders braven und nützlichen Hauswölfen wurden weitere Generationen gezüchtet und so entstand über viele Jahrzehnte und Jahrhunderte der Haushund.

Ein Raubtier steckt in jedem Hund

Rein äußerlich hat sich seitdem viel getan: Königspudel, Dänische Dogge oder Zwergdackel erinnern nicht mehr an den wilden Wolf, der den Menschen auf gewisse Weise ängstigt und sie dabei gleichzeitig fasziniert. Doch fühlt man dem Hund auf den Zahn, so kann er seine wilde Verwandtschaft nicht leugnen, denn selbst im kleinsten Chihuahua steckt ein echtes Raubtier! Deutlich erkennbar ist das an seinem Raubtiergebiss, das sich mit anschließender Speiseröhre, Magen und Darm zum Verdauungsapparat zusammensetzt.

Anatomisch regiert beim Hund demnach noch der Wolf und das erfordert auch eine entsprechende Ernährung. Die langen Fangzähne und die prägnanten Backenzähnen mit schmalen Kauflächen eignen sich nicht, um auf Heu herumzukauen oder Getreide zu zermalmen. Dem Hundedarm fehlen zudem die großen Gärkammern, wie sie beispielsweise beim Pferd vorkommen, das damit seinen Hafer verwertet. An solchen anatomischen Fakten lässt sich erkennen: Der Hund ist für Fleisch und nicht für Heu und Hafer gebaut. Dieser Grundsatz darf bei der Fütterung – egal ob trocken oder nass, gebarft oder gekauft, naturbelassen oder synthetisch verarbeitet – nie vergessen werden.

Leicht tut sich der, der sich den Speiseplan des Wolfes ansieht und versucht, diesen auf den Fressnapf seines Vierbeiners zu übertragen. Im Gegensatz zur Katze waren weder der Wolf noch der Hund je vollkommene Fleischfresser, auch wenn Fleisch die Grundlage ihrer Ernährung

Der Grauwolf (Canis lupus) *ist der Stammvater unseres Hundes.*

bildet. So gaben die Wölfe selbstverständlich zunächst größeren Beutetieren, die gemeinsam im Rudel erjagt wurden, den Vorzug. Doch auf diese feine Beute konnte nicht immer gebaut werden. Und so wurde das Wolfsrudel kreativ und griff auf weitere Nahrungsquellen zurück. Sie begannen, kleinere Säugetiere, Vögel, Fische und Insekten zu verspeisen, und wagten sich bald auch regelmäßig an Obst und Gemüse sowie Kräuter und Beeren heran. Auf diese Weise sicherte sich der Wolf sein Überleben und gab die Carni-Omnivore-(Fleisch- und Allesfresser-)Ernährungsweise an den Hund weiter.

Raubtierfraß satt Milchkuhkost

Der Verdauungstrakt des Hundes, eines Fleischfressers, beginnt im Gegensatz zum Pflanzenfresser nicht beim Maul, sondern erst ab Beginn des Dünndarms. Das Gebiss dient dem Hund lediglich zur Futteraufnahme und einer groben Zerkleinerung. Anschließend wird das Futter schnell weiter in die Speiseröhre und von dort in den Magen geleitet. Weder im Hundespeichel noch im Magen befinden sich Enzyme zur Nahrungsaufspaltung, sodass die tatsächliche Verwertung erst im Darm beginnt.

Die in der Nahrung enthaltenen Keime werden, einmal im Magen angekommen, durch die dort vorhandene sehr hohe Konzentration an Salzsäure unschädlich gemacht. Der extreme Salzsäuregehalt ist auch der Grund, warum Hunde keine Probleme damit haben, leicht verwestes Fleisch oder gar Aas zu fressen. Fleisch, das angetaut wieder eingefroren wird, stellt beispielsweise aus diesem Grund keine Gefahr und kein Gesundheitsrisiko für den Hund dar.

Der Magen des Hundes ist zudem auf eine möglicherweise unregelmäßige Nahrungsaufnahme eingestellt, da sich sein Vorfahr je nach Futterangebot in der Wildnis anpassen musste. Aus diesem Grund besitzt der Hundemagen eine große Kapazität, kann sich also stark ausdehnen und somit als gigantischer Nahrungsspeicher dienen. Durch diese Speicherfunktion fehlen im Hundemagen aber Rezeptoren, wie sie im menschlichen Magen vorhanden sind, um ein Sättigungsgefühl zu signalisieren. Damit fehlt dem Hund hier ein Schutzmechanismus und es kann passieren, dass er sich im ungünstigen Extremfall derart überfrisst, bis es zur Magenruptur kommt.

Je nach Bedarf und Verbrauch wird die Nahrung in einzelnen Portionen vom Magen in den relativ kurzen Darm gepumpt, wo die eigentliche Verdauung, also die Aufnahme der Nährstoffe, beginnt. Ein kurzer Darm ohne Gärkammern wie beim Hund bedeutet auch eine kurze Verweildauer für den Nahrungsbrei. Getreide und Stärke und alle anderen Zutaten, die »schwer im Magen« liegen, können im Hundedarm deswegen nur in geringen Maßen verdaut werden. Für größere Mengen ist schlichtweg keine Zeit. Ein Hund ist schließlich ein Raubtier und keine Milchkuh. Oder in Zahlen: Während Fleisch innerhalb von 24 Stunden komplett verdaut ist, verbleiben hohe Mengen an Getreide vier bis fünf Tage im Verdauungstrakt, bis alles verwertet ist.

Essenziell für alle Verdauungsvorgänge beim Hund ist immer eine ausreichende Menge an frischem Fleisch, da nur hierdurch die Sekretion der Verdauungssäfte in Gang gesetzt wird. Ohne Fleisch wird die Verdauung im Umkehrschluss träge.

»Du bist, was du isst« – die perfekte Mahlzeit

Für den Hund muss also vor allem Fleisch in den Napf – jedoch nicht ausschließlich. Ein kleiner Anteil Getreide, ausreichend Gemüse, gelegentlich frisches Obst sowie regelmäßig Kräuterzusätze und Ölzugaben runden den Napf für alle Hundebedürfnisse perfekt ab.

Die pflanzlichen Komponenten liefern Vitamine, Mineralstoffe und vor allem wichtige Ballaststoffe, die für eine natürliche Reinigung der Verdauungswege sorgen und eine Schlüsselrolle für eine gesunde Magen-Darm-Flora spielen. Zudem setzen Ballaststoffe die Verdauungsmotorik

in Gang und sind auch aus diesem Grund unentbehrlich. Neben pflanzlichen Vitamin- und Mineralstofflieferanten sind auch Innereien für die Mikronährstoffversorgung wichtig. Auch der Wolf verspeist Leber, Nieren, Milz, Pansen oder Lunge nur allzu gerne mit, denn diese Komponenten liefern neben hochwertigem Eiweiß ein wahre Fülle an lebenswichtigen Nährstoffen. Gleiches gilt für den Hund. Während beispielsweise die Milz eine große Portion Eisen mit auf den Speiseplan bringt, liefert Leber einen hohen Gehalt an Vitamin A und unzähligen Mineralstoffen. Auch grüner Pansen ist eine wahre Nährstoffbombe und ist durch seine enthaltenen »guten Mikroorganismen« ein Garant für eine höchst gesunde Ergänzung eines jeden Hundemenüs. Wichtig ist jedoch, dass jegliche Innerei nur ein- bis zweimal wöchentlich in das Hundemenü wandert, um eine Überversorgung mit gewissen Nährstoffen oder eine zu einseitige Ernährung zu vermeiden.

Warum soll ich für mein heimisches Raubtier kochen?

Für den Hund zu kochen, wird von einigen Kritikern in die gleiche Schublade gesteckt wie Hundekleidung mit Strass-Steinchen, Pelzmantel für den Chihuahua oder beheizte Himmelbetten für den Vierbeiner. Das ist sehr schade, denn dem Liebling mit der kalten Schnauze etwas selbst zu kochen, heißt nicht, ihn zu verhätscheln. Es ist vielmehr die Möglichkeit, seinen Hund so zu ernähren, wie man es sich als gesundheitsbewusster und aufgeklärter Hundehalter wünscht. Denn wer das Futter selbst zubereitet, weiß, was sein Hund frisst und was ihm gut bekommt. Er kann beobachten, welche Nahrung sich wie auf die Fitness, das Fell und die Verdauung auswirkt, und entscheidet selbst, was in den Napf kommt und was nicht. All diese Aspekte haben nichts mit Verhätschelung gemein, sondern vielmehr mit Hundeverstand und der Bereitschaft des Halters, sich mit der Ernährung seines Hundes zu beschäftigen. Selbstverständlich kann sich nicht jeder ambitionierte Hundeliebhaber täglich in die Küche stellen, um für seinen Vierbeiner zu kochen, auf den Wochenmarkt laufen oder sich beim Metzger an die Warteschlange stellen. Doch ab und an darf es gerne etwas Frisches aus der eigenen *Dog's Kitchen* sein. Der gut Organsierte kocht einfach auf Vorrat und friert den Hundeschmaus kurzerhand ein.

Gesundes aus der Dose?

Mit naturbelassener und artgerechter Ernährung werben natürlich auch viele im Handel erhältliche Hundefutter. Es gibt von Jahr zu Jahr immer mehr Futterhersteller, die alle nur das Beste für den Vierbeiner versprechen. Mittlerweile kann gewählt werden zwischen Menüs für spezielle Rassen (»Achtung nur für Dackel

genießbar!«), essbaren Zahnbürsten oder auch astronautenähnlicher Nahrung für den weißen Schoßhund (und der soll bitte auch weiß bleiben und sich nicht durch das böse Frischfutter plötzlich orangegrün gesprenkelt verfärben). Doch braucht der Hund wirklich solch spezielles Futter? Und braucht der Dackel tatsächlich ein anderes Menü als die Dänische Dogge? Oder werden mit solcher Werbung nicht eher gezielt die Wünsche und Vorstellungen des Besitzers angesprochen? Der kritische Hundefreund sollte immer prüfen, was wirklich in den Fressnapf seines Vierbeiners wandert.

Bei einem schlechten Produkt wird der Hund unter Umständen zu einer Ernährung gezwungen, die ihm weder gut bekommt noch gesund ist. Viel Getreide und wenig Fleisch, aufgepeppt mit künstlichen Geschmacksträgern – fast schon gängiger (und geduldeter) Standard in der heutigen Futtermittelindustrie. Doch es gibt zum Glück Ausnahmen, denn ausgewählte kleinere Hersteller haben sich wirklich gesundes und ausgewogenes Hundefutter aus der Dose zur Aufgabe gemacht. Und so kann guten Gewissens auch kombiniert werden: an einigen Tagen hochwertiger Dosenschmaus und zu besonderen Anlässen oder, wenn eben die Zeit vorhanden ist, die feinen Menüs unserer *Dog's Kitchen.* Wohl bekomms!

Messlöffel-Tipp

WIE VIEL BRAUCHT MEIN HUND?

Unabhängig von der Fleischwahl und -menge muss auf die richtige Portionierung der Fleischstücke geachtet werden, sodass sie auch zur Hundegröße passt.

Die Angaben der Zutatenmengen in den Rezepten sind Richtwerte, die dem Hundegewicht, der Aktivität und Lebensweise entsprechend angepasst werden sollten. Die Mindestangaben sind für kleine Hunde (bis 8 kg) gedacht, die Höchstangaben für große Hunde (bis 45 kg) und die Mittelwerte sind jeweils für Hunde bis 20 kg ausgelegt. Dabei gelten die entsprechenden Mengen als Ration pro Tag.

Bitte dabei nicht zu kritisch sein – es kommt nicht auf zehn g mehr oder weniger an, denn jeder Hund ist einzigartig und verwertet sein Futter anders. Je nach Auslauf, Veranlagung und Fitness kann der persönliche Bedarf variieren. Bestes Beispiel dafür ist meine Schokoschnute, die an aktiven Wochenenden am Meer oder in den Bergen auch mal eine Rottweiler-Portion verputzt, ohne je ein Speckröllchen angesetzt zu haben.

Klassische Rezepte

Alltagskost für den Hund kann Getreide enthalten oder auch ganz ohne auskommen – je nach Verträglichkeit und Überzeugung des Hundehalters. Wichtig für jeden Hund ist, dass nicht nur Fleisch auf dem Speiseplan steht, sondern auch ausreichend pflanzliche Beilage, die Vitamine und Ballaststoffe liefert.

Wild mit Lieblingsbeeren

HOCHWERTIGES AUS DER NATUR

Wildfleisch ist nicht nur ein wirklich aromatischer Happen, sondern auch sehr gesund für unsere Vierbeiner. Hunde vertragen feines Wildfleisch normalerweise gut und nur in seltenen Fällen entwickeln sie Allergien dagegen. Ergänzt mit grüner Spinat-Power und Beeren kann dieses Menü Sportlerhunde, Junioren und Schleckermäuler gleichermaßen begeistern.

100–800 g Wildgulasch
2 kleine–2 große Kartoffeln
½–2 Handvoll Spinat
1–4 EL Blaubeeren (unsere Lieblinge!)
1 TL–2 EL Hanfsamen
1 TL–2 EL Arganöl
(oder anderes Favoritenöl)

Wildgulasch grob gewürfelt belassen; lediglich für empfindliche oder krüsche (norddeutsch für »mäkelig«) Hunde leicht im eigenen Saft dünsten, denn Erhitzung erhöht Aroma und Fressanreiz! Kartoffeln schälen und (ohne Salz) schön weich kochen – anschließend klein schneiden oder stampfen. Spinat fein schneiden oder grob in der Küchenmaschine zerkleinern. Man kann die Blaubeeren am Stück belassen, allerdings sind sie klein geschnitten wertvoller für den Hund. Alle Zutaten miteinander vermischen und Hanfsamen sowie das Öl gut unterrühren – fertig ist die perfekte Wild-Schlemmerei für den Hund!

Tipp:
Unsere Lieblingsbeeren haben es sogar bis in die Diabetesforschung geschafft, denn ihre enthaltenen Pflanzenstoffe sollen den Blutzucker positiv beeinflussen. Ein Grund mehr, die blauen Beeren einfach zu lieben!

Interessant:

Die Samen der Hanfpflanze enthalten eine erstaunliche Vielfalt und Höchstmengen an Nähr- und Vitalstoffen, welche die Entstehung von Krankheiten verhindern und natürliche Alterungsprozesse im Körper verlangsamen sollen.

Rind trifft auf Mango

GESUNDE POWER FÜR JEDE SCHNAUZE

Rind gerät zunehmend in Verruf, denn immer mehr Hunde reagieren allergisch auf das feine Fleisch. Bedingt ist dieser Umstand sicher durch viele minderwertige Industriefuttermittel, die auf Fleischmixturen und Billiggetreide anstatt auf Solo-Proteine und hochwertige pflanzliche Zutaten setzen und damit eine allergiegeplagte Hundepopulation herangezogen haben. Sehr schade, denn Rind liefert wertvolles Eiweiß und hochwertige Energie und ist dabei gut verdaulich. Für Allergiker muss bei diesem Rezept aber natürlich trotzdem auf Alternativfleisch gesetzt werden. Quinoa liefert als glutenfreier Begleiter reichlich Energie, während die exotische Mango frische Vitamine und leckerer Joghurt gesundes Calcium liefern. Ein ganz besonders tolles Menü für alle Hunde, ob groß oder klein!

100–800 g Rindfleisch	Das Rind durch den Fleischwolf drehen
30–300 g gekochter Quinoa	oder in grobe Stücke schneiden.
¼–½ reife Mango	Anschließend im eigenen Saft dünsten.
2 kleine–2 große Karotten/Wurzel-	Quinoa ohne Salz weich kochen und
gemüse nach Wahl	abkühlen lassen. Mango fein würfeln
1–6 EL Joghurt	und die Karotten raspeln. Alles mit-
1 TL–2 EL Lieblingsöl	einander vermischen, Joghurt und Öl
	unterheben.

Tipp:

Mango ist nicht immer reif zu bekommen, sie kann aber gerne durch ein anderes Obst ersetzt werden – auch durch einen heimischen Apfel, der ist mindestens genauso gesund.

Pute Bella Italia

SO SCHMECKT LA DOLCE VITA

Das ist das Lieblingsgericht von Benjamin – Schokoschnutes Lieblings-freund aus Italien, der leider nicht mehr mit uns die Gegend unsicher machen kann. Aber sein Lieblingsgericht erfreut bestimmt noch viele weitere Helden auf vier Pfoten! Magere Pute ergänzt sich hier perfekt mit energie-reichen (und glutenfreien!) Buchweizennudeln. Für Vitamine sorgen gelbe Wurzel und Rote Bete, während Leinschrot und Distelöl einen extra Energie-kick geben. So kommt *la dolce vita* ganz einfach in den Napf.

150–900 g Pute (bei solch magerem Fleisch muss nicht gegeizt werden)

30–200 g Buchweizennudeln

1 kleine–2 große gelbe Wurzeln

5 EL–2 ½ Tassen geriebene Rote Bete

1 TL–3 EL Leinschrot

1 TL–2 EL Distelöl

Pute grob schneiden und im Sieb über Topf mit kochendem Wasser schonend dünsten. Nudeln weich kochen und eventuell klein schneiden. Wurzeln klein reiben und mit geriebener Roter Bete und Pasta sowie dem Fleisch vermen-gen. Leinschrot und Öl unterheben. Buon appetito!

Benjamin, ein waschechter Italiener und Teufelskerl,
wurde aus schlechter Haltung gerettet.
In seinem neuen Zuhause hatte er, auch dank guter Ernährung,
ein tolles Hundeleben.

Tipp:

Genau wie uns Zweibeinern liefern Nudeln auch Hunden Power und Energie! In Zeiten erhöhter Beanspruchung darf Pasta deswegen gerne großzügig in den Napf wandern. Bitte aber immer glutenfreie Varianten wählen und immer schön weich kochen!

Schlund, Herz, Niere, Pansen (von oben links nach unten rechts)

Der Rindermix macht es

SCHLEMMERTRIO MIT BESTEN NÄHRSTOFFEN

Die besten Teile vom Rind richtig gemischt sind besonders wertvoll für den Hund. Wichtig ist jedoch, dass die feinen Innereien nicht täglich in den Napf kommen, denn ihre geballten Vitamine und Mineralstoffe können auch eine Überversorgung verursachen. Buchweizen, Karotte, Apfel und Krillöl sind für den tollen Mix die perfekten Begleiter.

50–400 g Rinderschlund (wahlweise Herz – ein tolles, gesundes Muskelfleisch!) 20–200 g Rindermilz (wahlweise Niere) 20–200 g grüner Rinderpansen (nur der grüne bietet das Nährstoffmaximum) 30–200 g Buchweizen 1 kleine–2 große Karotten ¼–1 Apfel 1 TL–2 EL Krillöl

Das Schlund- oder Herzfleisch hundegerecht portionieren und schonend bei niedriger Temperatur dünsten. Die Innereien schneiden, aber nicht garen. Alles miteinander vermischen. Buchweizen nach Packungsanleitung kochen und dazugeben. Karotten im Wasserbad ohne Salz dünsten und pürieren, Apfel reiben. Alles zusammen mit dem Öl vermengen und fertig ist der gesunde Rindermix.

Besonderheit:

Krillöl liefert das »Superoxidans« Astaxanthin. Es gehört zu den stärksten Antioxidantien, die in der Natur vorkommen, und stellt somit einen besonders effektiven Super-Zellschutz dar.

Allergiker-Menüs

*Sie kratzen und beißen sich, leiden unter chronischen Ohrentzündungen
oder Blähungen. Hunde, die unter Futtermittelallergien leiden,
sind keine Seltenheit. Da jede dritte Hauterkrankung mittlerweile durch eine Allergie
auf bestimmte Zutaten im Napf ausgelöst wird, sollte der Speiseplan neuen, exotischen Varianten
Platz machen. Die sogenannte Ausschlussdiät ist Diagnose, Heilmittel und Wunderwaffe
in Einem und verlangt vor allem eins: Konsequenz!*

So funktioniert eine Ausschlussdiät

1. Ausschluss

- der alten Nahrung, aller Leckerlis sowie Fleischsorten, die der Hund regelmäßig gefressen hat.

2. Sicherstellen,

- dass sich der Hund an die Ausschlussdiät hält und nicht heimlich an Nachbars Kompost nascht.

3. Durchhaltevermögen,

- denn die exotischste Kost ist nutzlos, wenn nach ein paar Tagen doch wieder das gewohnte Rindfleisch mit auf dem Futterplan landet.

4. Konsequenz:

- Leckerlis müssen aus der gleichen Proteinquelle wie die Ausschlussdiät bestehen oder sind vom Speiseplan zu streichen.

5. Auswertung

- der konsequenten Diät nach acht Wochen, indem beurteilt wird, ob sich die Symptome (Jucken, Ohrentzündungen u. a.) deutlich gebessert haben oder nicht.

6. Eindeutige Identifizierung:

- Der Hund bekommt sein altes Futter vorgesetzt – treten erneut Symptome auf, liegt zweifelsfrei eine Futtermittelallergie vor.

7. Belastung:

- Zurück bei der hypoallergenen Ausschlussdiät dürfen nun nach und nach zusätzliche (hypoallergene) Zusätze oder Nahrungsergänzungen hinzugefügt werden. Bei der kleinsten Reaktion des Hundes müssen diese jedoch wieder abgesetzt werden.

Ausschlussvariante 1

PFERD TRIFFT AUF PETERSILIENWURZELN

Für Pferdefans sicher nicht die beste Wahl, doch für einen Allergikerhund eine gut verdauliche, hochwertige Proteinquelle: Pferdefleisch ist noch immer eine Rarität in der täglichen Hundenahrung und kann deswegen ideal im Allergiefall serviert werden. Es hat durch seinen intensiven Geruch eine gute Akzeptanz und liefert wertvolle Aminosäuren für den Hund. Als pflanzliche Ergänzung dient gesunde Petersilienwurzel, die viele Nährstoffe, Vitamine und Mineralstoffe enthält. Nachtkerzenöl als Hautschutz und Lieferant wertvoller, essenzieller Fettsäuren rundet die Ausschlusskost perfekt ab. Bei bekannter Empfindlichkeit gegenüber Nachtkerzenöl kann jedes andere kaltgepresste Pflanzenöl alternativ verwendet werden.

100–800 g Pferdefleisch
1 TL–2 EL Nachtkerzenöl
50–400 g Petersilienwurzel

Das Pferdefleisch klein schneiden und mit dem Öl vermengen. Die Petersilienwurzel hacken und schonend dünsten. Alles vermengen und in den Napf geben. Schmeckt garantiert! Wer gegartes Fleisch bevorzugt, kann das Fleisch schonend kochen – aber bitte ohne Salz. Braten ist keine gute Alternative, da durch die hohe Hitze wichtige Mikronährstoffe und Aminosäuren zerstört werden.

Wichtig:

Die sehr reduzierten Menüs der Ausschlussdiät
können den Tagesbedarf des Hundes dauerhaft
nicht abdecken, da ihnen wichtige Vitamine
und Mineralstoffe fehlen. Muschelkalk, Bierhefe,
Lebertran und Mineralerde können als natürliche Nahrungsergänzungsmittel dienen.
Bei besonders empfindlichen Hunden ist ein
fertiger Premix besser geeignet.

Ausschlussvariante 2

ZIEGE TRIFFT AUF STECKRÜBE

Ziege ist nicht unbedingt exotisch und doch eine tolle Alternative für allergische Schnauzen. Denn das Fleisch ist kaum in kommerziellem Fertigfutter enthalten und damit quasi eine »Rarität«. Klarer Vorteil: Ziegenfleisch ist leicht zu bekommen und belastet den Geldbeutel nicht allzu sehr. Hinzu kommen eine hohe Verdaulichkeit und eine einwandfreie Akzeptanz. Viele gute Gründe also, es einmal damit zu versuchen! Als bodenständige pflanzliche Ergänzung dient gekochte Steckrübe. Sie ist reich an Energie sowie gesunden Mineralstoffen und Vitaminen und damit ein perfekter Begleiter.

150–800 g Ziegenfleisch (gerne mit Knochenanteilen, wenn erhältlich)
100–300 g Steckrübe
1 TL–2 EL Hanföl oder ein anderes (kalt gepresstes!) Pflanzenöl

Ziegenfleisch roh und samt Knochen in grobe Stücke teilen. Dabei darauf achten, dass keine scharfen Kanten oder Splitter entstehen. Dann das Fleisch vom Knochen lösen, klein schneiden und leicht dünsten. Knochenteile bei Bedarf ebenfalls noch weiter zerkleinern/mahlen. Die Steckrübe schälen und würfeln. Anschließend ins kochende Wasser geben und weich kochen. Zuletzt alle Zutaten vermengen und mit Öl vermischen. Gut abkühlen lassen und in den Hundenapf füllen.

Hanföl!

Das Verhältnis der enthaltenen Omega-3- und -6-Fettsäuren ist beim Hanföl nahezu ideal, was es zu einem außergewöhnlichen Tropfen für den Hundenapf macht. Hanföl soll sich außerdem positiv auf Hauterkrankungen, Entzündungen, das Herz-Kreislauf-System und die Gelenkgesundheit auswirken.

Achtung:

Süßkartoffel kann sehr hart zu verarbeiten sein. Hierfür braucht man ein scharfes Messer. Ein guter Trick ist es auch, die Süßkartoffel am Stück kurz in den vorgewärmten Backofen zu legen. Dadurch lässt sie sich leichter schneiden und keiner ärgert (schneidet) sich.

Ausschlussvariante 3

Lamm war lange Zeit die erste Wahl für Allergikerkost und galt als Exot im Napf. Durch seine gute Verträglichkeit und Verdaulichkeit hat sich Lamm mittlerweile jedoch schon einen festen Platz im alltäglichen Hundefutter erobert, weswegen seine »Exklusivität im Napf« nicht mehr die gleiche ist wie vor 20 Jahren. Dennoch kann Lamm für manche Allergiker eine gute Alternative sein, denn Lammfett enthält ganz besondere Fettsäuren, die sich positiv auf entzündliche Prozesse im Magen und Darm auswirken. Ein wahrer Segen für allergiegeplagte, gereizte Schleimhäute im Hunde-Verdauungstrakt!

150–800 g marmoriertes Lammfleisch pur (alternativ Lammbein: gut für die Zähne und perfekter Calciumlieferant)
100–300 g Süßkartoffel
1 TL–2 EL Arganöl
optional: Muschelkalk oder Sesamsamen für gesundes Calcium, je nach Knochenanteil

Wenn das Lamm roh nicht vertragen wird, sollte es nach dem Kleinschneiden leicht gedünstet werden. Das Lammbein hingegen sollte besser roh verfüttert werden, da die Knochen sonst leichter splittern. Besonders gut beim Hund kommt bei diesem Menü die pflanzliche Beilage an: Süßkartoffel! Sie schmeckt, wie der Name schon sagt, süß – und lecker. Kein Wunder, dass sie auch beim Vierbeiner hoch im Kurs steht. Zudem liefert die Knolle viel Energie und gesunde Nährstoffe. Für den Hundenapf die Süßkartoffeln sorgfältig schälen und klein schneiden. Anschließend schön weich kochen, mit Fleisch und Öl mischen und nach dem Abkühlen servieren.

Statt Kokosfett können auch naturbelassene Kokosflocken verwendet werden,

die ebenso wertvolle Fette enthalten und dabei sehr gut zu dosieren sind.

Ausschlussvariante 4

EXOTISCHER STRAUSS TRIFFT AUF HEIMISCHE RÜBE

Bei hartnäckigen Allergikern muss früher oder später doch zu einem exotischen Fleischangebot gewechselt werden. Leicht zu bekommen, gut verträglich und schmackhaft ist Straußenfleisch. Es ist außerdem ganz besonders zart, enthält nicht allzu viel Fett und liefert gesunde Nährstoffe. Ballaststoffe, Vitamine und Mineralstoffe steuert die gelbe Rübe oder eine andere Rübenvariante bei – hier kann nach Jahreszeit, Verfügbarkeit und Geschmack frei gewählt werden. Wichtig ist nur, die Rüben gut zu schälen und dann zu pürieren oder zu kochen. Nur so kann der Hund die wichtigen Nährstoffe verwerten. Ergänzt wird das Menü mit wertvollem Kokosfett, das neben Power vor allem lebenswichtige Fettsäuren liefert.

150–800 g Straußenfleisch
100–300 g Rüben nach Wahl
1 TL–2 EL Kokosfett

Fleisch klein schneiden und zehn Minuten dünsten. Rüben schälen, würfeln und weich kochen. Alternativ können sie auch püriert und dann roh verfüttert werden.
Alle Zutaten gut miteinander vermischen und dann servieren.

Tipp:

Kokosfett ist im kalten Zustand sehr hart und lässt sich schlecht mischen. Wenn es zu dem warmen Fleisch gegeben wird, verflüssigt es sich und kann einfach ins Menü gerührt werden.

Diätküche

Extrapfunde für schlechte Zeiten, das Fell trägt einfach dick auf oder

die Fettrollen gehören zum »Look« – Herrchen findet viele Ausreden,

um die Figur des geliebten Vierbeiners zu entschuldigen.

Denn kaum ein liebender Besitzer gesteht sich gerne ein:

Der Hund ist schlichtweg fett.

Diätnäpfe

SCHNAUZENKUREN FÜR DIE SCHLANKE LINIE

Er ist gehörig aus dem Leim gegangen und trotz
dünnem Sommerfell ist die Taille schon länger nicht
mehr gesichtet worden. Genau zu diesem Zeitpunkt
spricht der Fachmann von Übergewicht oder genauer
von Adipositas (lateinisch für »Fettsucht«) beim
Hund. Höchste Zeit, etwas dagegen zu tun!

Die Adipositas gehört in Deutschland zu den häufigsten Hundekrankheiten in den Tierarztpraxen. Übergewicht hat akute und Langzeitfolgen. Zum einen belasten die überflüssigen Pfunde den gesamten Bewegungsapparat und steigern das Risiko für Bluthochdruck, Organerkrankungen sowie diverse Stoffwechselstörungen. Zudem führt Übergewicht häufig zu Schäden an Haut und Fell, wie beispielsweise dicke Hautschwielen oder stumpfes, schuppiges Haar. Auch seelisch kann ein dicker Hund leiden, da er sich nicht mehr uneingeschränkt bewegen und seinem Instinkt folgen kann.

Genau wie beim Menschen ist es auch beim Hund wichtig, den Jo-Jo-Effekt zu vermeiden und den wahren Fettdepots effektiv zu Leibe zu rücken. Hierfür braucht es Geduld und das richtige Fütterungsmanagement. Keinesfalls sollte einfach auf FDH (»Friss die Hälfte«) umgestellt werden. Im schlimmsten Fall wird dadurch eine Unterversorgung mit Vitaminen und weiteren Nährstoffen verursacht. Der Diätplan für den Hund muss hochwertiges Protein bei einem gleichzeitig geringen Fettanteil aufweisen und alle Mikronährstoffe berücksichtigen, die der Hund für seinen Tagesbedarf benötigt.

Versteckte Kalorien

Wie bei uns Zweibeinern kann es auch bei Hunden passieren, dass mehr Kalorien aufgenommen werden, als man denkt. Ein Paradebeispiel hierfür ist der Leckerli-Verbrauch in der Hundeschule. Bei einer Trainingseinheit kann schon einmal ein ganzes Abendessen in Form von Belohnungen verspeist werden. Solche »Naschfallen« bitte dringend überprüfen! Auch Nachbars Kompost kann ein heimliches Energiedepot für den lieben Vierbeiner sein. Ebenso sollte Herrchen bzw. Frauchen »Fans und Freunde« des aus der Form geratenen Tieres über die Diätpläne informieren. Denn ein Hundeblick kann schnell Leckerchen hervorlocken, auch wenn der Besitzer bereits strikte Diät angeordnet hat.

Alle mageren Fleischsorten wie Kalb, Geflügel sowie Fisch eignen sich als Basis für eine Diätkost. Auf Getreidezusätze sollte ganz verzichtet werden, da die komplexen Kohlenhydrate zu Zucker abgebaut werden und somit zusätzliche Kalorien liefern. Neben einer Umstellung der Fütterung ist selbstverständlich Fitness angesagt: Apportierübungen, Radtouren oder Agility sind ideal, um den Vierbeiner (und sich selbst) in Form zu bringen.

Flohsamen – klein, aber oho!

Ein kleiner Zusatz mit großer Wirkung sind außerdem Flohsamen! Sie können viel Feuchtigkeit aufnehmen und dadurch stark aufquellen. So kann schon eine kleine Menge Flohsamen den Verdauungstrakt füllen und bei Diätzeiten einen leeren Magen verhindern. Durch ihre enthaltenen schleimbildenden Komponenten bilden sie zudem einen effektiven Schutz für die Verdauungswege.

Schlanke Obst- und Gemüsealternativen für jede Küche

• Papaya (enthält ebenfalls fettspaltende Enzyme)
• Kiwi (kalorienarme Vitaminbombe)
• grüner Spargel (liefert Kalium und grüne Power)
• Beeren (unsere Dauerlieblinge)
• Salate (die Evergreens für jede Sommerdiät)

Wichtig!

Die Mengenangaben in allen Diätrezepten richten sich immer nach dem angestrebtem Körpergewicht. Sollte beispielsweise ein Hund, der ein Ausgangsgewicht von 20 kg hat, beispielsweise 15 kg erreichen, bekommt er auch entsprechend die Menge, die für einen 15 kg schweren Hund vorgesehen ist (siehe Hinweis zu den Mengenangaben auf Seite 15: Messlöffel-Tipp).

Ausreichend Bewegung

Neben der richtigen Diät muss natürlich auch das Sportprogramm angepasst bzw. erst einmal in Angriff genommen werden. Denn wie auch bei uns Zweibeinern purzeln die Pfunde erst richtig, wenn der Gürtel enger geschnallt wird, man auf überschüssige Kalorien verzichtet und gleichzeitig durch ausreichend Bewegung den Energiestoffwechsel ankurbelt. Sport der Wahl: Fahrradfahren – da kommt auch gleich Herrchen oder Frauchen in Schwung.

Diät aus dem Wasser

FETTKILLER FISCH

Fisch liefert dem Hund eine große Menge wertvolles Eiweiß und weist daneben einen geringen Gehalt an Bindegewebe auf, was ihn sehr leicht verdaulich macht. Weiterhin enthält Fisch reichlich Vitamin D sowie viele Mineralstoffe wie Jod und Magnesium. Da sein Fettgehalt sehr niedrig ist, eignet er sich einfach perfekt zum Diäthalten! Die wertvollen Omega-3-Fettsäuren sind außerdem eine perfekte Ergänzung zu Fleisch, das vor allem Omega-6-Fettsäuren in den Napf bringt. Ananas und Traubenkernöl steigern durch ihre enthaltenen Enzyme die Fettverbrennung. Sie sind gesunde Begleiter für die Schlankkur. Mangold liefert Power, ohne zu beschweren.

100–800 g Lachs
30–300 g Mangold
1 TL–2 EL Traubenkernöl
¼–½ Zucchini
⅛–⅓ sehr reife Ananas
optional: 1–6 EL Magerjoghurt
1 TL–2 EL Eierschale, gemahlen

Den Fisch grätenfrei portionieren und roh belassen. Mangold dünsten und sehr klein schneiden und mit dem Öl etwas ziehen lassen. Zucchini garen und pürieren. Ananas sehr fein schneiden. Um die Säure der Ananas etwas im Geschmack zu reduzieren, kann magerer Joghurt hinzugefügt werden. Alles zusammen mit der gemahlenen Eierschale vermischen und dann servieren. Das Menü ist kein Gericht für jeden Tag, aber ein- bis zweimal pro Woche ist ein solches Fischmahl durchaus empfehlenswert!

Tipp:
Bei Fisch sollten Sorten verwendet werden, die keine Thiaminase enthalten. Dieses Enzym spaltet Vitamin B$_1$ (Thiamin) und zerstört es.

Wichtig:

Thiaminasehaltige Fische müssen gegart
werden, bevor sie in den Fressnapf wandern.
»Gute Fische«: Thunfisch, Hering, Forelle,
Lachs, Makrele, Sardine, Dorsch;
»Thiaminase-Fische«: Karpfen, Hering, Wels,
Brasse, Zander

Diät von der Wiese

GESUNDE FITNESS IM NAPF

Kalbsschnitzel ist nicht nur für uns eine feine Sache. Auch den Hund begeistert das helle, hochverdauliche Fleisch. Da es generell sehr mager ist, kann es perfekt für die Diätküche genutzt werden. Enthält es noch Knochenanteile, ist für eine ausreichende Calciumzufuhr gesorgt. Spinat und Fenchel sind super für den Hundemagen und liefern wichtige Vitamine, Mineralstoffe und Ballaststoffe, ohne dabei auf die Figur zu schlagen. Quark als mageres Schmankerl und Flohsamen als Diätzusatz runden die »Wiesendiät« ab.

80–700 g mageres Kalbsfleisch
50–300 g Kalbsknochen
30–200 g Spinat
¼–1 kleiner Fenchel
⅓–½ Papaya
1–6 EL Ziegen- oder Schafquark
1 TL–2 EL Flohsamen

Das Kalbsfleisch klein schneiden und ohne Salz leicht dünsten. Knochen roh belassen. Sind beide in einem Stück, alles roh portionieren. Spinat und Fenchel klein schneiden, dünsten und pürieren. Die Papaya schälen, entkernen, fein würfeln und mit dem Gemüse vermengen. Den Quark und die Flohsamen unterheben, anschließend die Mischung über das Fleisch und die Knochen geben. So gut kann Diät schmecken!

Tipp:

Die Papaya ist bekannt für ihre fettverbrennenden Enzyme. Dazu ist sie lecker und gesund – perfekt für die Hundediät! Gut geeignet für die Diätküche ist zudem Wassermelone, vor allem an heißen Tagen. Die süße Frucht schmeckt jedem Vierbeiner, löscht den Durst und hat kaum Kalorien im Gepäck.

Tipp:

Traditionell werden die gesunden, grünen Artischockenblätter in der Naturheilkunde bei Magen-Darm-Beschwerden, als Immunstärker, bei Leberproblemen und zur allgemeinen Stärkung der Körperfitness verwendet. Erwiesenermaßen helfen die darin enthaltenen Enzyme außerdem, den Blutfettwert und Cholesterinspiegel zu kontrollieren – ein perfekter Diätbegleiter für den Hund!

Diät aus dem Hühnerstall

GEFLÜGEL-LEICHT FÜR RUNDE HUNDE

Wer Diät hält, kommt um mageres Geflügel nicht herum. Egal ob Pute oder Huhn – beides ist sehr fettarm und leicht verdaulich. Genutzt wird am besten Brust oder Keule – aber ohne Haut, da diese bekanntlich das meiste Fett enthält. Geflügelleber steuert zusätzlich Vitamine bei, ebenso wie Zucchini und Gurke, die als kalorienarme, pflanzliche Beilage ideal sind. Traubenkernöl kommt wegen seiner fettverbrennenden Enzyme zum Einsatz und dient zusammen mit Sesam (ein super Calciumlieferant) für den richtigen Zusatz in der Hühnerstalldiät.

80–700 g mageres Hühner- oder Putenfleisch	Das Fleisch auf niedriger Flamme gar kochen, abkühlen lassen und klein schneiden. Leber roh hinzugeben. Die Zucchini fein raspeln, den Spinat pürieren und beides unter das Fleisch und die Leber heben. Gurke würfeln, Artischockenblätter klein schneiden und gemeinsam mit Öl und Flohsamen unter die Zucchini-Spinat-Fleisch-Mischung heben. Voilà – fertig ist die perfekte Kost für die schlanke Hundelinie.
50–150 g Geflügelleber	
30–200 g Zucchini	
1 kleine–2 Handvoll Spinat	
¼–1 kleine Gurke	
1 TL–2 EL Artischockenblätter, getrocknet	
1 TL–2 EL Traubenkernöl	
1 TL–2 EL Flohsamen	

Wichtig:

Traubenkernöl ist ein echter Fitmacher und kurbelt den Fettstoffwechsel an. Im Gegensatz zu ganzen Trauben ist das den Traubenkernen entnommene Öl nicht giftig für den Hund.

Barfen

*Mancher Hundebesitzer, der um Rat für das richtige Futter bittet,
hat eine lange Odyssee hinter sich. Unzählige Meinungen von
Tierärzten, Spezialisten, Ernährungsgurus und Naturheilhippies
haben nichts bewirkt, außer den Geldbeutel gewaltig zu schmälern.
Ob wohl dieses BARF die Lösung für alles ist?*

BARF-Rezepte

GESUNDES MIT BISS

Vierbeiner Emma juckt es nach jeder Mahlzeit gehörig hinter den Ohren. Doch bis jetzt konnte keine Lösung gefunden werden – eine, die funktioniert und nicht nur kostet, die schmeckt und nicht nur schön aussieht, die naturbelassen ist und nicht nur in Ökopapier verpackt.

Bei der Recherche im Internet, beim Austausch mit Bekannten oder beim Hundefriseur ist beim Thema »Ohrenjucken durch Futter« auch immer mal wieder der Begriff »BARF« gefallen und wie gut es nicht nur den Hundeohren tut. Nein, BARF habe das Hundeleben gerettet, den Alltag revolutioniert und dem Hundejammer ein Ende gesetzt. Mit BARF seien glänzendes Fell, guter Maulgeruch und eine gut funktionierende Verdauung quasi über Nacht gekommen. Klingt doch super! Doch wenn sich der Hundebesitzer über BARF informieren möchte, so hört er mindestens genauso viele Warnungen wie Lobeshymnen. Denn für die Gegner ist die »biologisch artgerechte Rohfütterung« eine irrwitzige Modeerscheinung, die nicht nur einen kranken und unterversorgten Hund zum Ergebnis hat, sondern auch gleich die ganze Umgebung verseucht. Wäre auch zu schön gewesen, denkt sich der futtergeplagte Hundebesitzer, der die goldene BARF-Lösung, schon auf seine To-do-Liste gesetzt hat. Mit solchen Zweifeln ist es dann doch besser, erst den Tierarzt zu fragen, denn der muss es schließlich wissen. Ist er doch vom Fach, hat das studiert und hört sich sowieso liebend gerne die Leidensgeschichte von Emmas Ohrenjucken an.

Leider ist nicht jeder Tierarzt automatisch ein Ernährungsexperte und die Hälfte der studierten Fachleute gehört auch zu denen, die Barfen als kompliziert und schädlich für den Hund einordnen. Eine Mahlzeit selbst zuzubereiten, trauen sie ihrem treuen, zahlenden Kunden offenbar nicht zu – da empfiehlt man doch lieber die veterinärmedizinische Astronautennahrung. Die frisst der Hund zwar nicht gerne, erfüllt aber immerhin die Anforderungen nach den neuesten klinischen Studien und hat bei Stiftung Warentest die Note »sehr gut« erhalten.

Der mutige, gesundheitsbewusste Hundebesitzer traut sich irgendwann dann aber doch und versucht es mit dem Barfen zu Hause – alles für das liebste Familienmitglied auf vier Pfoten. Selbstverständlich müssen ein paar Grundlagen sitzen, bevor es losgeht.

»Back to the roots« – BARF als ursprüngliche Ernährungsform

Letztendlich ist BARF weder eine Modeerscheinung noch ungesund für Tier oder Umwelt, es ist vielmehr die Rückkehr zur artgerechten, gesunden und natürlichen Hundefütterung – was soll daran so verkehrt sein? Schließlich gibt es beim Urahnen, dem Wolf, auch keine Nahrungsmitteltabellen. Hier plant niemand, wie viele Vitamine, Mineralstoffe und Zusätze täglich auf den Speiseplan müssen und ob jedes einzelne Tier gut versorgt ist. Auch die exakte Proportionierung der Mahlzeit ist sicherlich nicht Aufgabe des Rudelführers, damit sowohl junge als auch alte Wölfe ideal versorgt sind und keine Mangelerscheinungen zeigen. Darum bitte beim Barfen nicht den Kopf zerbrechen, sondern einfach mal ausprobieren!
Der Grundgedanke von BARF ist, dass rohes Fleisch die Hauptkomponente des Futters ist. Gemüse, Obst, Kräuter, Öl

und natürliche Zusätzen ergänzen das rohe Fleisch zu einer kompletten Mahlzeit. Mit den einfachen BARF-Grundrezepten in diesem Buch kann jeder Hundebesitzer »klein« anfangen. Wenn die aufgeführten Fleisch-, Gemüse- oder Obstsorten dem Vierbeiner nicht schmecken, können sie einfach gegen andere ausgetauscht werden. Auch die Ölsorte kann individuell angepasst werden.

Grundrezept und Fütterungsmengen beim Barfen

Hauptbestandteil der BARF-Mahlzeit für einen gesunden Hund ist rohes Fleisch. Hinzu kommen Gemüse/Getreide, Obst, Kräuter/Öl und Mineralstoffergänzungen bzw. Zusätze (in absteigender Reihenfolge):

Kleiner Hund (bis acht kg):
• 20–40 g Gemüse/Getreide
• 10–20 g Obst
• 1 TL Kräuter/Öl
• 1 TL Ergänzung

Mittlerer Hund (bis 20 kg):
• 200–350 g Fleisch/Innereien
• 100–200 g Gemüse/Getreide
• 30–50 g Obst
• 1 EL Kräuter/Öl
• 1 EL Ergänzung

Großer Hund (bis 45 kg):
• 450–850 g Fleisch/Innereien
• 60–100 g Obst
• 2 EL Kräuter/Öl
• 2 EL Ergänzung

Waidmannsheil

WILDFLEISCH MIT LEBER

Wild schmeckt nicht nur uns Zweibeinern sehr gut – auch dem Hund kann mit dem aromatischen, dunklen und saftigen Fleisch eine echte (und sehr gesunde) Freude gemacht werden (siehe dazu auch Seite 18). Wildfleisch bringt durch die freie und natürliche Lebensweise der Wildtiere klare Vorteile mit sich – denn durch das Leben in freier Wildbahn enthält das Fleisch viele Nährstoffe (vor allem Mineralien), einen hochwertigen Eiweißanteil und ist obendrein fett- und cholesterinarm.

80–700 g Wildfleisch	Je nach Größe des Hundes das Wild-
30–150 g Leber vom Wild (alternativ vom Rind)	fleisch und die Leber grob zerkleinern oder in feinere Streifen schneiden.
40–200 g Kürbis (Sorte beliebig)	Den Kürbis würfeln und anschließend
¼–½ Apfel	pürieren. Apfel fein reiben und alles
1 TL–2 EL Bierhefe	miteinander vermengen. Die Bierhefe
1 TL–2 EL Sanddornöl oder anderes Öl nach Wahl	im Mörser klein mahlen und gemeinsam mit Öl und Ei unter die Mischung
1–3 Eigelb	heben.

Wichtig:

Bei rohem Ei darf nur das Eigelb verfüttert werden, da rohes Eiklar Avidin enthält, das Biotin bindet und so einen Mangel verursachen kann (siehe auch Seite 134). Das Eigelb hingegen liefert wertvolles Eiweiß und eine Fülle an Vitaminen.

Zart trifft deftig

KALBFLEISCH MIT KNOCHEN

Kalbsfleisch ist zart und mager und trifft fast immer den Hundegeschmack. Zudem ist es auch außerordentlich gut verträglich. Werden Teile mit Knochen (z. B. Rippe oder Beinscheibe) gewählt, so liefert dies dem Hund nicht nur schönen »Biss«, sondern auch eine große, gesunde Calciumdosis.

100–800 g Kalbsfleisch mit Knochenanteil
2 kleine–4 große Kartoffeln (Feinschmecker-Alternative: Süßkartoffeln)
1 TL–2 EL Lebertran
80–300 g Wurzelgemüse
1 TL–2 EL von 3 Kräutern nach Wahl (z. B. Basilikum, Thymian, Kerbel, Löwenzahn oder Petersilie)

Das Kalbsfleisch vom Metzger zerkleinern lassen oder selbst zu Hause mit dem Küchenbeil in die richtige Größe bringen. Kartoffeln schälen und weich kochen. Anschließend schneiden oder stampfen und mit dem Lebertran vermengen. Das Wurzelgemüse reiben und die Kräutermischung unterheben. Dann alles zusammen mit dem Fleisch in den Napf füllen.

Tipp:

Die Kräuter können frisch gepflückt und klein geschnitten werden. Geeignet sind aber auch getrocknete Kräuter, die im Mörser zerkleinert werden und als feine Mischung in den Hundenapf wandern.

Rinder-Trio

GULASCH, MILZ UND PANSEN

Die Rindermilz ist ebenso wie der grüne Pansen ein erstklassiger Nähr-stofflieferant, denn beide Innereien enthalten unzählige Vitamine und Mineralstoffe. Die Milz ist zudem sehr eisenhaltig, was besonders Tieren gut bekommt, die einen Mangel aufweisen. Innereien sollten jedoch nicht täg-lich auf dem Speiseplan stehen. Gemeinsam mit frischem Muskelfleisch wird dem Hund mit diesem Gericht neben gesunden Vitaminen und Mineralien auch gesundes Eiweiß geliefert.

50–600 g Rindergulasch
40–150 g Rindermilz
40–150 g grüner Rinderpansen
70–200 g Reis oder Buchweizen, gekocht
⅛–½ Steckrübe (wahlweise Birne)
½–2 große Handvoll Spinat
1 TL–2 EL Leinöl

Die Fleischkomponenten in die richtige Serviergröße bringen und miteinander vermischen. Den gekochten Reis abgießen und abkühlen lassen. Währenddessen den Spinat durch die Küchenmaschine jagen. Steckrübe fein raspeln oder wahlweise pürieren (hierfür darf sie gerne leicht angedüns-tet werden). Alle Zutaten vermengen, in den Napf geben und Öl untermischen.

Tipp:

Statt Gulasch kann auch Rinderlefze verwendet werden. Diese liefert auch eine Extraportion Eiweiß und nebenbei noch ordentlich was zum Kauen für eine kräftige Kiefermuskulatur.

Küstenkinder

LAMMRIPPEN MIT LACHS

Lammfleisch liefert hochwertiges Eiweiß und schützende Omega-6-Fett-säuren, die Rippen knochenstärkendes Calcium und gesunder Lachs wertvolle Omega-3-Fettsäuren – ein perfektes Trio.

50–400 g Lammrippen mit Fleischanteil
50–400 g Lachs (wegen möglicher Schwermetallbelastung auf gute Qualität achten)
½–2 große Handvoll Feldsalat
50–200 g Rote Bete
2–8 kleine Stangen Spargel, falls erhältlich
70–200 g Quinoa, gekocht

Die Lammrippen mit einem Küchenbeil zu mundgerechten Stücken zerkleinern oder vom Metzger direkt in die richtige Größe bringen lassen. Den Lachs würfeln. Feldsalat in der Küchenmaschine klein häckseln, die Rote Bete klein reiben, Spargel schälen und klein schneiden und alles gut mit dem gekochten Quinoa vermengen. Da das Pseudogetreide roh unverträglich und für den Hund unbrauchbar ist, muss es – trotz BARF-Gericht – gekocht werden. Alles zusammen mit Fleisch und Fisch in den Napf geben und servieren. Eine extra Öl- oder Calciumzugabe ist durch die Auswahl der Fleischstücke und den Lachs nicht mehr nötig.

Juniortauglich:

Dieses Menü ist auch eine geeignete Zusammenstellung für Welpen, da es besonders viel gesundes Calcium enthält und eine ideale Kombination lebenswichtiger Fettsäuren von Fisch und Fleisch bietet!

Interessant:

Die gesunden Karotten können durch Pastina-
ken ergänzt werden. Die »altmodische« Knolle
ist ein echter Allrounder: Ihr Gehalt an Energie,
Vitaminen und Mineralstoffen sowie ihre leicht
antibakterielle Wirkung machen sie zum echten
Gewinn für jeden Napf!

Wild Chicks

HALS, LEBER UND GULASCH VON DER PUTE

Ganze Putenhälse mit Knochen und Knorpeln sind eine super Sache für den Hund: ordentlich was zum Beißen, gesundes Calcium und durch das Putenfleisch eine Portion B-Vitamine sowie hochverdauliches Eiweiß. Für viele Vitamine und weitere Mikronährstoffe sorgt die Leber – ein wahrer Genuss für Hunde!

1–4 ganze Putenhälse
20–200 g Putenleber
50–400 g Gulasch von der Pute
20–200 g Brokkoli
½ kleine–2 große Karotten
½ TL–1½ EL Salbei, getrocknet
1 TL–2 EL Hanföl

Die Fleischanteile je nach Hund und Hunger portionieren und vermischen. Den Brokkoli leicht dünsten (roh verursacht er Blähungen!), klein schneiden und mit der grob geriebenen Karotte vermengen oder gemeinsam pürieren. Den Salbei und das Öl unterheben und alles mit dem Fleisch zusammen in den Napf füllen.

Tipp:
Dieses Menü ist ebenso für unsere Junioren geeignet. Die Putenhälse liefern wichtiges Calcium und ordentlich was zu kauen. Bitte Geflügelknochen und Knorpel immer roh füttern! Die Leber sorgt für gesundes Vitamin A und Vitamin D.

Smoothie-Power

Hunde sollten täglich was Grünes in ihrem Fressnapf vorfinden,
denn Grünes bringt Gesundheit, Vitalität und Power!
Außerdem sind fruchtig süße Beeren wahre Nährstoffbomben. Sie sind
nicht nur für uns eine herrliche Schlemmerei, sondern schmecken
auch dem Vierbeiner ausgesprochen gut.

Grüne Power

Die grünen Vitalstoffbomben liefern hohe Mengen an Chlorophyll – auch gerne als »grünes Sonnenlicht« bezeichnet. Diesen märchenhaften Namen hat das Chlorophyll aufgrund seines hohen Wirkungsspektrums. Es ermöglicht Pflanzen, bei Sonnenstrahleinwirkung in ihren grünen Blättern Fotosynthese zu betreiben, um Kohlendioxid und Wasser in Kohlenhydrate zu verwandeln. Chlorophyll bedeutet damit Energie und Leben – auch im Fressnapf.

Je mehr Chlorophyll ein Lebensmittel enthält, umso höher ist sein gesundheitlicher Nutzen. Das grüne Farbpigment ist bekannt dafür, vor Zellschäden zu schützen und die Zellregeneration zu unterstützen. Zudem gelten chlorophyllreiche Zutaten als entgiftend und immunstärkend. Auch in der Prophylaxe von Krebserkrankungen und Strahlenschäden soll der grüne Powerstoff eine Rolle spielen. Aus diesem Grund wurden bereits wissenschaftliche Studien zum Einfluss grüner Gemüsesorten in der Krebsprophylaxe für den Hund durchgeführt – und die Ergebnisse sehen vielversprechend aus. Viele gute Gründe, seinen Vierbeiner mit der natürlichen Energie aus den grünen Powerfoods ausreichend zu versorgen – am besten täglich!

Für die optimale Nutzung muss das Gemüse immer fein geschnitten, gegart oder püriert serviert werden.

Grüne Powerfoods für den Vierbeiner

- Grünes Blattgemüse
- Wildpflanzen
- Moringa-Blätter
- Weizengras
- Grüner Spargel
- Fenchel
- Brokkoli
- Romanesco
- Salate
- Spinat
- Mangold
- Sellerie
- Gurke
- Rucola
- Zucchini
- Artischocke
- Mikroalgen: Spirulina, AFA und Chlorella

Beerenliebe

In den kleinen Früchtchen stecken Beerenkräfte: Sie liefern eine Fülle an Nährstoffen wie lebenswichtige Vitamine, sekundäre Pflanzenstoffe, Mineralien und Spurenelemente. Nicht umsonst sind einige unserer heimischen Beeren in die »Königsklasse« der Superfoods aufgestiegen und können sich neben exotischen Nährstoffbomben wie Moringa, Lukuma oder Ginseng locker behaupten. Im Spätsommer zur Erntezeit ist selbstverständlich allerbeste Beerenqualität garantiert. In den kälteren Monaten können jedoch auch tiefgefrorene Beeren aus der letzten Saison das Hundemenü aufwerten.

Erdbeere

- *reich an*: Vitamin C, Flavonoiden, Calcium, Kalium, Eisen
- *Wirkung:* unterstützt den Magen-Darm-Trakt, regt den Stoffwechsel an, positiv bei Rheuma und Gicht
- *Erntezeit:* Mai–Juli

Himbeere

- *reich an:* Vitamin C, A, Biotin, Kalium, Magnesium, Eisen
- *Wirkung:* fiebersenkend, blutreinigend, für gesunde Knochen, unterstützt bei Magen-Darm-Entzündungen
- *Erntezeit:* Mai–August

Stachelbeere

- *reich an:* Vitamin C, Silicium, Zitronensäure, Calcium, Kalium, Magnesium, Pektin
- *Wirkung:* verdauungsfördernd, entwässernd, unterstützt Fell und Haut
- *Erntezeit*: Juli–August

Johannisbeere

- *reich an:* Vitamin C, Calcium, Kalium, Eisen, Phosphor, Zitronensäure
- *Wirkung:* hilft bei Rheuma und Gicht, entgiftend, antibakteriell, unterstützt die Immunabwehr und die ableitenden Harnwege
- *Erntezeit:* Mai–Juli

Blaubeere (die Superbeere!)

- *reich an:* Vitamin C, β-Carotin, Eisen, Kalium, Natrium, Zitronensäure, Pektin, Quercetin, Anthocyanen
- *Wirkung:* lindert Entzündungen, unterstützt Kontrolle des Blutzuckers (Stichwort Diabetes), hilft bei der Blutbildung, bei Verdauungsbeschwerden und Magenschmerzen sowie Blasenschwäche
- *Erntezeit:* Juni–August

Preiselbeere

- *reich an:* Vitamin C, A, β-Carotin, Eisen, Magnesium, Kalium, Natrium, Arbutin, Flavonoide, Pektin
- *Wirkung:* fördert Verdauung, senkt Cholesterin, lindernd bei Durchfall, bei Harnwegsinfekten, bei Gicht und Rheuma, antiviral, bakterizid, fungizid
- *Erntezeit:* September

Brombeere

- *reich an:* Eisen, Calcium, Ellagsäure
- *Wirkung:* unterstützt Entgiftung, soll krebshemmend wirken und den Blutdruck senken
- *Erntezeit:* Mai–Juli

Holunderbeere

- *reich an:* Anthocyanen, Flavonoiden, ätherischen Ölen, Gerbstoffen
- *Wirkung:* schützt das Herz-Kreislauf-System, hilfreiche Unterstützung für die Gelenkprophylaxe, bietet Schutz vor Augenerkrankungen, Hautproblemen sowie Nierenleiden, stärkt die Immunabwehr, beugt Rheuma und Gicht vor
- *Erntezeit:* Juni

Hagebutte

- *reich an:* Vitamin C, Pektin
- *Wirkung:* antioxidativ, abwehrstärkend, verdauungsfördernd, entzündungshemmend
- *Erntezeit:* September–Oktober

Sanddorn

- *reich an:* Quercetin, reich an Vitamin C (mehr als Zitrusfrüchte)
- *Wirkung:* ein Held für die Immunstärkung, Linderung bei Hautschäden
- *Erntezeit:* ab September

Grüner Smoothie

Für uns Zweibeiner gehört ein Snack zum Trinken in Form eines leckeren Smoothies schon fast zum normalen Alltag. Für den Hund ist es noch eher ungewöhnlich – nicht zuletzt für den Hundegaumen selbst. Da Grünes jedoch besonders gesund ist und fein püriert am besten seine Wirkung entfaltet, ist ein grüner Smoothie ideal für den Hundenapf. Eine schnelle und einfach zuzubereitende Ergänzung!

2 Handvoll Spinat
½ Gurke
½ Banane
2 EL (grünes) Hanföl
1 Tasse Wasser
2 EL Spirulina

Portionierung: ⅓ Tasse (kleiner Hund) – 2 Tassen (großer Hund)

Alle Zutaten nacheinander vorsichtig in den Mixer geben und langsam vermischen. Wenn alles grob vermengt ist, dann in höchster Geschwindigkeitsstufe weiter pürieren, damit alle Bestandteile ordentlich aufgespalten werden und keine großen Stücke in der Mischung verbleiben. Denn nur fein gemixt oder püriert sind die Vitaminbomben für den Hund auch nützlich! Anschließend darf der Smoothie einfach geschlabbert oder über das normale Fressen gekippt werden. Geschmacksbegeisterung garantiert!

Tipp:

Soll der Smoothie »pur« serviert werden, empfiehlt es sich, einen Teil Fleisch mit in den Mixer zu füllen. So findet der Smoothie auch ohne Beilage geschmacklichen Anklang beim Vierbeiner.

Spirulina – Tradition aus dem Wasser:

Bereits die Azteken wussten um die besondere
Nährstofffülle der kleinen grünen Alge. Heute
wird sie sogar weltweit eingesetzt und empfohlen. Kein Wunder, denn die Spirulina liefert
eine große Fülle und Vielfalt an Nährstoffen,
darunter Eiweiß, β-Carotin, Vitamin B_{12}, Eisen
und weitere wichtige Spurenelemente.

Beeren-Obst-Smoothie

»JUST PINK!«

Mmmhhh...Zeit für einen frischen Smoothie! Gesunde Vitaminbomben in Form von Obst und Gemüse sollten täglich auf dem Speiseplan jedes Vierbeiners stehen. Für den besonderen Vitaminkick und eine leckere Zwischenmahlzeit, die schnell zubereitet ist, sorgt ein frischer Smoothie.

2 Handvoll Erdbeeren oder andere Lieblingsbeeren der Saison

½ Birne

½ Apfel

2 EL Distelöl

100 g frisches Rinderhack

1 Tasse Wasser

Portionierung: ⅓ Tasse (kleiner Hund) – 2 Tassen (großer Hund)

Alle Zutaten nacheinander vorsichtig in den Mixer geben und langsam vermischen. Wenn alles im Mixer vermengt ist, die höchste Stufe einstellen, damit alle Bestandteile ordentlich aufgespalten werden und keine großen Stücke im Mix verbleiben, denn nur fein zerkleinert oder püriert sind die Vitaminbomben für den Hund auch nützlich! Anschließend servieren oder für unterwegs in eine Trinkflasche umfüllen – einfacher können Vitamine nicht verfüttert werden!

Kochen bei Krankheit & Co.

Ob Durchfall, Hundehusten, Altersleiden, Appetitlosigkeit oder Welpen-Hunger:
Gerade bei Krankheit oder besonderen Bedürfnissen ist es wichtig,
den besten Freund auf vier Beinen individuell mit den nötigen Nährstoffen zu versorgen.
Was es sonst noch zu beachten gibt, erfahren Sie in diesem Kapitel.

Hundemagen

NICHTS IST UNMÖGLICH

»Ich habe schon Pferde vor der Apotheke kotzen sehen«
ist ein schönes Sprichwort, doch keinesfalls Realität. Fakt
ist: Pferde können sich aufgrund ihrer Anatomie keines-
wegs übergeben. Hunde erbrechen sich jedoch häufiger
mal – und das ist auch gut so.

Was nicht vertragen wird, kommt besser ganz raus – insofern ist dem Erbrechen bei Hunden tatsächlich etwas Positives abzugewinnen. Gleiches gilt für einen kurzfristigen Durchfall, der maximal drei Tage anhält und kein Blut enthält.

Was tun bei Durchfall?

Wie mein Pharmaprofessor an der Uni immer predigte: Den ersten Anflug von Durchfall sollte man nicht gleich medikamentös eindämmen. So ist Durchfall mit einer natürlichen »Komplettreinigung« vergleichbar, die den Verdauungstrakt »durchspült« und ordentlich in Bewegung versetzt. Dadurch wird ausgeschieden, was auf den Magen schlägt. Ein Hund mit akutem Durchfall sollte deshalb erst mal 24 Stunden auf Nulldiät gesetzt werden und nur Wasser bekommen. So kann sich der Magen-Darm-Trakt von allem entledigen, was ihm nicht passt, und der hypermotorische Verdauungstrakt kommt wieder zur Ruhe. Anschließend muss der Hund mit einer hochverdaulichen, klein portionierten Diät versorgt werden, die verloren gegangene Nährstoffe wieder ausgleicht.

Durchfall-SOS-Menü

TAG 1 NACH DER FASTENZEIT

Die Nulldiät und Schonkost-Taktik darf nicht bei Welpen, alten oder schon seit längerer Zeit kranken Hunden angewendet werden. Auch bei Blut im Stuhl oder wenn der Hund stark dehydriert ist und/oder Wasser verweigert, sollte dringend ein Tierarzt aufgesucht werden. Das gilt auch bei gesunden Hunden, die länger als drei Tage deutlichen Durchfall zeigen.

50–450 g fettarmes Muskelfleisch von Huhn oder Pute	Das Geflügelfleisch klein schneiden und im heißen Wasser gar kochen. Den weich gekochten Reis abkühlen lassen. Karotten dünsten und anschließend fein schneiden. Alle Zutaten miteinander vermischen und zuletzt Hüttenkäse, Mineralerde und Salz unterheben.
30–150 g Reis, weich gekocht	
½–2 große Karotten	
1 TL–2 EL Hüttenkäse	
½ TL–1 EL Mineralerde	
½–2 Messerspitzen Salz	

Hinweis:

Das Menü am ersten Tag nach der Fastenzeit auf vier bis fünf kleine Mahlzeiten aufteilen. Am zweiten und dritten Tag die Mengen der einzelnen Hauptzutaten (Fleisch, Karotten, Reis) sowie die Größe der Tagesportionen langsam um jeweils ein Drittel erhöhen, bis wieder eine normale Tagesration an Tag 4 erreicht ist.

Hundehusten

ERKÄLTUNG BEIM VIERBEINER

Ausbleibender Appetit, verrotzte Nase und bellendes Husten – auch unseren Vierbeiner kann eine banale Erkältung ereilen. Ob es sich um einen Infekt, eine allergische Reaktion oder einfach schlechte Hundelaune handelt, wird am besten zunächst durch Fiebermessen eingeschätzt.

Die normale Körpertemperatur (rektal gemessen) liegt je nach Hund zwischen 37,5 und 39 Grad. Bei Werten darüber hinaus wird von Fieber gesprochen. Eine erhöhte Körpertemperatur ist jedoch kein Grund zur Panik, denn sie erfüllt wichtige Aufgaben in der Abwehr gegen die eingedrungenen Keime. Deshalb sollte leichtes Fieber, solange der Hund einigermaßen fit erscheint, nicht sofort mittels starker, fiebersenkender Mittel eingedämmt werden.

Erste Hilfe bei erhöhter Temperatur

Wichtig bei einem grippalen Infekt ist es, den Hund mit ausreichend Flüssigkeit und schmackhafter Kost zu stärken. Pflanzliche Mittel zur Befreiung der Atemwege sind als Tee oder Kräuterzusatz im Futter ideal. Ebenso hilfreich sind Vitamin-C-reiche Zutaten wie Granatapfelkerne oder Sanddornöl, welche die körpereigene Abwehr stärken und somit helfen, den Infekt zu besiegen.

Bei Erkrankungen, die sich täglich drastisch verstärken oder mit hohem Fieber verbunden sind, sollte unbedingt ein Tierarzt aufgesucht werden!

Hundehusten-Kräuter

Sonnenhut (Echinacea)
- wirkt sich positiv auf die Immunabwehr aus
- befreit die Atemwege und schützt ihre Schleimhäute
- hilft, Viren und Bakterien zu bekämpfen

Thymian *(Herba thymi)*
- wirkt gegen Bakterien
- bildet Schutz für die Schleimhäute
- liefert ätherische Öle, die aus dem Magen hochsteigen und die Atemwege befreien

Salbei *(Salvia)*
- wirkt antibakteriell
- antientzündlich
- befreit Atemwege mit seinen ätherischen Ölen

Primelwurzel *(Radix Primula veris)*
- enthält besondere Pflanzenstoffe (Sapine), die Schleim in den Atemwegen verflüssigen

- erleichtert das Abhusten
- wirkt entzündungshemmend

Kamille *(Matricaria chamomilla* L.)
- hilft durch seine ätherischen Öle
- löst Krämpfe
- lindert und schützt die Schleimhäute

Kerbel *(Anthriscus)*
- stärkt das Immunsystem
- liefert Vitamine und Mineralstoffe
- fiebersenkend

Hustenlösende Kräuter können auch fein geschnitten in eine starke Rinderbrühe gerührt und dem Hund über das Futter gegeben werden.

Nährstoffreiches Fleisch trifft Vitaminbombe

IMMUNBOOSTER BEI ERKÄLTUNGEN

Das fettdurchzogene Fleisch liefert unserem Vierbeiner Kraft und Energie und die Rinderleber versorgt ihn mit vielen wichtigen Vitaminen. Fenchel und Sanddorn sind echte Immunbooster und stärken die Abwehrkräfte. Die Hustenkräuter lassen unseren Hund wieder frei durchatmen.

80–650 g stark marmoriertes Gulasch vom Rind oder anderes fettdurchzogenes Muskelfleisch
optional: 20–200 g frische Rinderleber
2–4 große Kartoffeln
50–200 g Fenchel oder Zucchini
1 TL–2 EL Sanddornöl
½ TL–1 EL Granatapfelkerne
½–2 Messerspitzen dreier verschiedener »Hustenkräuter« (siehe Seite 76–77)

Das Rinderfleisch gemeinsam mit der Leber leicht dünsten. Kartoffeln schälen, kochen und stampfen. Fenchel weich kochen und klein schneiden. Alles vermengen, dann Granatapfelkerne, Öl und Kräuter untermischen. Lauwarm verfüttern.

Tipp:

Ein nasses Handtuch über der Heizung kann im Winter helfen, die trockene Raumluft anzufeuchten und so die Atemwege des Hundes zu schonen.

Altersleiden

JE OLLER, DESTO DOLLER

Unsere Hunde werden immer älter. Das ist schön, bedeutet für den Hundebesitzer aber auch, dass er mit den Altersleiden und Wehwehchen, Eigentümlichkeiten und Eigensinnigkeiten des Senior-Hundes richtig umgehen muss.

Das Futter im Napf sollte die körperliche Fitness und das Immunsystem bestmöglich unterstützen. Es gilt zudem, auf die schlanke Linie zu achten und die sportliche Muskulatur auf Trab zu halten. Nur so ist ein Senior für seine rüstige Zeit bestens gewappnet. Je älter und ruhiger der Vierbeiner wird, desto weniger Energie verbraucht er. Deshalb muss auch der Speiseplan dringend angepasst werden. Viel wertvolles Fleisch und möglichst wenig Fett im Napf sind ideal, um dem veränderten Stoffwechsel gerecht zu werden.

Gesunde Schonkost für den Senior

Für Hunde, die nur noch wenig Zähne haben, am besten knorpel- und knochenfreies Huhn verwenden und durch den Fleischwolf drehen. Als Calciumlieferant kann dem Menü Eierschale hinzugefügt werden, die gut für Knochen und Gelenke ist.

50–400 g Fisch (z. B. Lachs, Sardinen oder Forelle) **50–400 g Huhn (gerne mit Knorpelanteilen)** **⅓–1 ganze Süßkartoffel** **½–2 Handvoll Mangold** **1 TL–2 EL Kokosfett** **1–4 EL Joghurt** **optional: 1–3 TL getrocknete (Senioren-)Heilkräuter, z. B. Weißdorn, Löwenzahn, Schachtelhalm, Kerbel**	Den Fisch sorgfältig von Gräten befreien, falls es sich um ein größeres Exemplar handelt. Kleine Sardinen dürfen auch mit »Haut und Haar« verspeist werden. Das Huhn dünsten. Falls das Stück Knochen enthält, bitte roh belassen. Zusammen mit dem Fisch hundegerecht portionieren. Süßkartoffel schälen, kochen und stampfen. Den Mangold dünsten und klein schneiden, dann mit der Süßkartoffel vermischen. Das Kokosfett unterheben und alles mit Fleisch und Fisch vermengen. Kräuter nach Belieben hinzugeben.

Interessant:

Der Hund speichert seine Eiweißreserven in der Muskulatur und aktiviert diesen Speicher bei körperlichen Anstrengungen und Ausnahmezuständen wie Krankheiten oder Hungerperioden. Baut sich die Muskulatur langsam ab, muss die fehlende Eiweißreserve durch die Fütterung von hochwertigem, leichtverdaulichem Protein ausgeglichen werden.

Size Zero

UNTERERNÄHRUNG

Eingefallene Flanken, rausstehende Hüftknochen und
sichtbare Rippen: Ein zu dünner Hund wird nicht erst auf
der Waage als solcher erkannt.

Auch wenn es gesünder ist, eine schlanke Linie zu halten als unnötige Fettpolster aufzubauen, so gilt doch, was uns schon die Großeltern predigten: Bisschen was auf den Rippen braucht man

für schlechte Zeiten. Tatsächlich kann ein magerer Vierbeiner bei nahendem Infekt oder einer Parasiteninvasion kaum etwas zu seinem Schutz entgegensetzen und ist anfälliger für Erkrankungen. Um ihn aufzupäppeln, braucht es Extra-Energie in seinem Fressnapf. Der Hund muss schonend wieder aufgebaut werden, um an Gewicht zu gewinnen, ohne dabei den Stoffwechsel zu belasten.

Gut geeignet sind alle stark marmorierten Fleischstücke sowie von Natur aus fettere Sorten wie z. B. Ente. Ein besonders »fetter« Tipp ist zudem Euterfleisch, das ganz besonders nahrhaft ist. Getreide liefert außerdem Energie durch Stärke und Kohlenhydrate. Bei Untergewicht darf gerne getrickst werden, denn Hauptsache, der Hund frisst gerne. Egal ob Öl, Hüttenkäse, Lebertran oder angewärmtes Futter – alles, was gut ankommt, darf probiert werden.

Kräftiges Fleisch und viel Energie

Ergänzt werden kann das Futter mit jeder Art hochwertigen kaltgepress-ten Pflanzenöls, das zusätzliche Energie für den Hund liefert. Zudem er-höhen kleine, handwarme Portionen über den Tag verteilt die Verdaulichkeit des Futters und das Wohlbefinden des Hundes.

100–800 g stark marmoriertes Fleisch nach Wahl (gerne mit ⅓ Anteil Euterfleisch)
50–250 g gekochte Dinkelnudeln
30–150 g Steckrübe
⅓–1 große Banane
1 TL–2 EL Hüttenkäse
1 TL–2 EL Hanföl oder anderes Öl nach Wahl
1 TL–2 EL Eierschalen oder Muschelkalk (wenn auf Knochen oder Knorpelanteile verzichtet wird)

Fleisch, Nudeln und Steckrübe klein schneiden und separat bei niedriger Temperatur weich kochen, anschließend alles miteinander vermischen. Banane und Hüttenkäse, Öl und Bierhefe nacheinander unterheben. Handwarm und in kleinen Portionen servieren. Das Menü kann während des Tages im Kühlschrank aufgehoben und portionsweise vor der Fütterung erwärmt werden (zum Beispiel im Wasserbad).

Hinweis zu den Mengenangaben

Die Mengenangaben sind auf eine Tagesportion ausgerichtet. Dabei beziehen sich die Richtwerte auf das gewünschte Endgewicht (siehe auch Seite 41).

Welpenschmaus

»Was Hänschen nicht lernt, lernt Hans nimmermehr.«
Gleiches gilt auch für den Hundewelpen. Deswegen
sollte er von klein auf sowohl an rohes als auch an
gegartes Fleisch gewöhnt werden, damit er später nicht
zu einem Dauernörgler am Napf mutiert und seine
Herrchen auf eine harte Geduldsprobe stellt.

Ein junger Hund braucht vor allem bis zum sechsten Lebensmonat – wenn die Wachstumskurve besonders steil verläuft – ein Vielfaches mehr an Energie als ein erwachsener Hund. Zudem benötigen die wachsenden Knochen Calcium, Phosphor und Vitamin D. Letzteres ist ganz besonders in Leber und Lebertran enthalten. Wer fürchtet, den Bedarf des Hundes mit natürlichen Lieferanten nicht zu decken, kann auf sehr gute Ergänzungsmischungen für Welpen im Wachstum zurückgreifen.

Was Hundekindern hilft, groß zu werden

Grundsätzlich sind fast alle Menüs in diesem Buch für Welpen geeignet, solange sie mit extra Zutaten, die Energie geben (z.B. Öl oder Fett sowie etwas Getreide),

Calcium (Knorpel/Knochenteile, Muschelkalk, Eierschale o.Ä.) und Vitamin D (z.B. Lebertran) ergänzt werden. Im Folgenden stelle ich jedoch noch zwei ganz besondere Rezepte für Junior-Menüs vor, die nicht nur lecker schmecken, sondern auch tolle Nährstoffe für ein gesundes Welpenwachstum liefern.

Und Achtung: Welpen (und damit richte ich mich vor allem an alle männlichen Leser) werden nicht größer, wenn sie reichlich gefüttert werden, sondern sie werden dadurch allerhöchstens fett. Und zu viele Pfunde auf den Rippen zu haben ist ungesund – vor allem für Welpen, denn ihre jungen Knochen dürfen nicht mehr Gewicht als nötig tragen. Deswegen bitte immer auf eine schlanke Welpenlinie achten!

Gesunde Kinderstube

LAMM MIT SCHAFQUARK UND LEBERTRAN

Lamm ist hochverdaulich, hat feines Fleisch, das gut zum Kauen ist, und liefert gesunde Fettsäuren und hochwertiges Eiweiß für heranwachsende Jungspunde. Je nach Hundegröße und »Gebiss-Stärke« darf das Fleisch für eine ausreichende Calciumzufuhr gerne Knochen oder Knorpel enthalten. Alternativ kann das Gericht mit Eierschale oder Muschelkalk ergänzt werden. Gesundes Calcium und feinen Geschmack bringt auch der Schafquark, der zudem gut verträglich ist. Lebertran, Quinoa, Steckrübe und Mango liefern zusätzliche Energie, lebenswichtige Vitamine und wichtige Ballaststoffe.

150–900 g frisches Lammgulasch (evtl. mit Knorpel/Knochen)
50–200 g Steckrübe
⅓–½ Mango
70–300 g Quinoa, gekocht
1 TL–2 EL Eierschale oder Muschelkalk, gemahlen
2 TL–4 EL Schafquark
1 TL–2 EL Lebertran

Das Lamm fein dünsten oder roh belassen und portionieren. Steckrübe schälen, klein schneiden und dünsten. Gegarte Steckrübe und Mango pürieren, gekochten Quinoa, Calciumzusatz, Quark und Lebertran untermischen und mit dem Fleisch vermengen – fertig ist ein ganz besonders toller Welpenschmaus!

Noch ein Hinweis zur Portionierung

Die Portionierung, wie in den Rezepten angegeben, richtet sich hier nach dem aktuellen Gewicht und nicht nach dem Zielgewicht.

Deftiges Rinder-Rabaukenmenü

MIT SESAMSAMEN

An gute Innereien kann man den Junior nicht früh genug gewöhnen. Intensiver, grüner Pansen überzeugt den kleinen Rabauken nicht nur durch seinen fantastischen Geschmack (der meist nur Herrchen etwas in der Nase zwickt), sondern vor allem durch seine vielen tollen Nährstoffe, die dem kleinen Vierbeiner für sein Wachstum gute Energie liefern. Deshalb sollte ein solcher Schmaus ein- bis zweimal wöchentlich bereits fest in den Speiseplan integriert sein. Die kleinen Sesamsamen sind wahre Calciumbomben (wie z. B. auch Muschelkalk, Kieselerde, Eierschale oder splitterfeste Knochenteile), die ein gesundes Knochenwachstum unterstützen.

100–800 g Muskelfleisch und Schlund vom Rind
50–300 g grüner Pansen
50–200 g Zucchini
30–150 g Birne
70–300 g Reis, gekocht
1 TL–2 EL Sesamsamen
1 TL–2 EL Nachtkerzenöl

Muskelfleisch und Schlund schonend kochen, aber nicht komplett garen. Anschließend maulgerecht klein schneiden, ebenso wie den rohen grünen Pansen. Das Fleisch gut miteinander vermischen. Zucchini und Birne im Wasserdampf leicht dünsten, abkühlen lassen und sehr klein schneiden. Mit dem gekochten Reis und dem Fleischmix gut vermischen. Die Sesamsamen und das Öl unterrühren und die Rabaukenkost servieren.

Tipp:

Wird das ganze Menü besonders gut gemischt und werden die Portionen leicht angewärmt, kann der Welpenappetit effektiv gesteigert werden – für den Fall, dass hier noch skeptisch geguckt wird.

Saisonales und Festliches

Die Feste sollen gefeiert werden, wie sie fallen, und warum soll das tierische Familienmitglied nicht auch was davon haben. Dabei soll der Hund nicht vermenschlicht werden, sondern vielmehr geht es darum, je nach Jahreszeit die wahren Schätze der Natur als unbezahlbare Lieferanten lebenswichtiger Nährstoffe zu nutzen. Dabei entstehen besonders schmackhafte Feinschmecker-Menüs, die unseren Vierbeinern natürlich gefallen. Gleichzeitig können wir dabei Gutes für ihre Gesundheit tun. Klassische Win-Win im Hundenapf also!

Merry Christmas!

WINTERGEMÜSE UND FEINSCHMECKERFLEISCH

Die Weihnachtszeit kann herrlich gemütlich und vor allem lecker sein. Jedoch auch genau so anstrengend und stressig, was nicht nur uns Zweibeiner manchmal an die Grenzen bringt. Zwischen Geschenkefieber und Lamettarausch kann es dem Hund schnell zu bunt werden – was ihm nicht nur aufs Gemüt, sondern auch auf den Magen schlägt. Für den Trubel kann er mit etwas Feinem entschädigt werden, das nicht nur außergewöhnlich gut schmeckt, sondern auch das Immunsystem auf Trab bringt.

50–500 g frisches Rindfleisch
20–100 g Rinderleber
20–100 g grüner Pansen
1–4 Karotten oder gelbe Rüben
10–60 g Maronen
je ½–2 TL Kerbel und Salbei
½–2 Handvoll Feldsalat
1 TL–2 EL Cranberrys
1 TL–2 EL Distelöl

Das Fleisch und die Innereien sehr fein schneiden oder durch den Fleischwolf drehen. Alternativ kann auch alles leicht gedünstet werden – aber Vorsicht, der Pansengeruch ist nicht jedermanns Sache! Die Karotten in Scheiben schneiden und ebenfalls dünsten. Die Maronen zusammen mit den Kräutern und dem Feldsalat in der Küchenmaschine zerkleinern. Alles miteinander vermengen und die Cranberrys unterheben. Öl unterrühren und fertig ist das perfekte Wintermenü für weihnachtliche Tage.

Besonderheit:

Salbei verströmt nicht nur einen tollen Geruch und wird gerne gefressen, sondern besitzt auch viele gesunde Eigenschaften. So wirkt er auf natürliche Weise desinfizierend, lindert Entzündungen und kann vor Infekten schützen – ein perfekter Nahrungsergänzer.

Be my Valentine

»ICH HAB DICH ZUM FRESSEN GERN«

Hunde-Liebe geht durch den Magen! Denn: »Wer nie einen Hund gehabt hat, weiß nicht, was lieben und geliebt werden heißt.« (Arthur Schopenhauer) Der Valentinstag ist ein schöner Anlass, im tristen Februar nach langen kalten Wintertagen einfach mal etwas »Liebe« in den Napf zu füllen. Mit dem feinen Schmaus kann auch anderen Hundefreunden eine Freude gemacht werden – das ist schließlich immer eine gute Idee. Mit frischen Zutaten kann nach langer Winterpause der Frühling nur allzu gut eingeläutet werden!

80–700 g Pute	Pute portionieren und im Wasserbad ohne Salz schonend dünsten. Putenhälse roh belassen und maulgerecht zerkleinern. Rote Bete würfeln und leicht im Wasserbad garen. Kartoffeln schälen, kochen und klein schneiden oder stampfen. Alles miteinander vermischen und zuletzt die Kokosflocken, Kräuter und die Beeren unterheben.
½–2 Putenhälse (perfekt für schöne Zähne!)	
½–2 mittelgroße Rote Bete	
1–4 Kartoffeln	
½–4 EL Quark, am besten vom Schaf	
1 TL–2 EL Kokosflocken	
je ½–3 TL Majoran, Rosmarin	
optional: 1–4 Handvoll Blaubeeren (auch tiefgefroren möglich)	

Besonderheit:

Ordentlich was zu beißen liefern die Putenhälse – das ist nicht nur perfekt für schöne Zähne und eine gestärkte Kaumuskulatur. In Kombination mit dem Schafquark liefern sie viel wichtiges Calcium für gesunde Knochen und Gelenke!

Hippiefest

FRISCHES OBST AUS DEM GARTEN

We love Summer! Sonne tanken, auf der Wiese toben und sich im frischen Gras wälzen. In den warmen Sommermonaten kann das Hundeleben in vollen Zügen genossen werden und auch kulinarisch hat diese Jahreszeit einiges zu bieten: Viele Obst- und Gemüsesorten haben jetzt Saison und können aus dem heimischen Garten direkt in den Fressnapf wandern. Frischer geht es nicht! Dazu noch ein paar Kräuter pflücken und so ist der sommerliche Hundenapf im Handumdrehen prall gefüllt mit Gesundem.

80–700 g frisches Hühnerfleisch
50–200 g Hühnerleber, Hühnerhälse
oder Hühnermägen
½–2 Handvoll Pflücksalat
1–5 EL Stachelbeeren oder
andere Sommerbeeren
1–5 Stück Pellkartoffeln, gekocht
etwas frischer Basilikum
1 TL–2 EL Distelöl
je 1 TL–2 EL Quark, Muschelkalk
1 TL–2 EL Bierhefe

Alle Fleischanteile maulgerecht portionieren und wahlweise roh belassen oder kurz im Wasserdampf (Sieb über Topf mit kochendem Wasser) dünsten. Restliche Zutaten klein schneiden und nacheinander in die Küchenmaschine geben und pürieren. Den gesunden Mix mit dem Fleisch zusammen in den Napf geben. Fertig ist der perfekt gesunde Hippieschmaus!

Besonderheit:

Bierhefe ist fast immer ein guter Begleiter im Hundenapf. Reich an Phosphor, Mineralstoffen und Spurenelementen liefert sie dem Hund wichtige Nährstoffe und ist bekannt dafür, Haut, Fell und Krallen zu stärken. Oder für die Mädels ausgedrückt: Bierhefe ist DAS Must-have für Nägel und Haar!

Herbstwald

GEMISCHTES LAMM MIT ERNTEDANK-GEMÜSE

Der goldene Herbst ist für viele die schönste Jahreszeit: nicht mehr ganz so heiß wie der Sommer, dafür jedoch spektakuläre Naturschauspiele durch die sich langsam verfärbenden Blätter. Die herbstlichen Monate laden zu langen Gassirunden ein. Danach bietet sich eine gesunde und zünftige Stärkung an. Alles, was vom Erntedankfest übrig bleibt, kann dabei ganz wunderbar für den Hundenapf verwendet werden, denn hier sind viele Vitamine und Mineralstoffe garantiert. Auf diese Weise wird der Vierbeiner nicht nur sehr gesund und abwechslungsreich ernährt, sondern auch gut durch die Zeit des Fellwechsels und die langsam kälter werdenden Tage gebracht.

100–800 g gemischtes Lammfleisch (gerne auch mit Pansen)
50–150 g Wurzelgemüse
50–150 g Hokkaido-Kürbis
¼–1 reife Birne oder Apfel
50–200 g Quinoa, gekocht
1 TL–2 EL Granatapfelkerne
1 TL–2 EL Sanddornöl

Das Lamm ganz nach Hundegröße und Vorliebe grob schneiden oder fein durch den Fleischwolf drehen. Lamm wird in jedem Fall gerne roh gefressen, denn seine besonderen Fettsäuren bleiben so unversehrt und bringen einen echten Mehrwert in den Hundenapf! Das Wurzelgemüse reiben und mit Fleisch und Pansen vermischen. Den Kürbis klein schneiden und weich kochen, Birne und Apfel raspeln. Alles mit dem Fleisch und dem gekochten (!) Quinoa vermengen. Zuletzt die Granatapfelkerne und das Öl unterheben. Jetzt kann der gesunde Erntedankschmaus dem Hundeliebling serviert werden.

Besonderheit von Granatapfelkernen:

Die kleinen leuchtend roten Kerne sind wahre
Vitamin-C-Bomben und helfen somit, den Hund
vor Infekten zu schützen und seine Immunabwehr auf Vordermann zu bringen. Gerade
im Herbst eine feine Sache im Napf!

No Stress im Napf

Ginge es nach unseren Hunden, würde Silvester wohl abgeschafft und das neue Jahr stattdessen ruhig im heimischen Körbchen begrüßt werden – eventuell mit einem extragroßen Knochen und stundenlangen Schmuseeinheiten von Herrchen oder Frauchen. Das wäre ein Jahreswechsel ganz nach Hundegeschmack! Durch ihre Geräuschempfindlichkeit und die Ungewissheit über den Krach in der Silvesternacht reagieren viele Vierbeiner mit Nervosität, Angst und Panik: Hecheln, Schmatzen, Zittern und Umherlaufen sind die typischen Anzeichen einer Silvesterphobie bei Hunden. Hilfe aus dem Napf bringt ein leichtes Menü, das nicht schwer im Magen liegt und mit beruhigenden Zutaten angereichert ist.

Zutaten	Zubereitung
100–600 g frisches mageres Putenfleisch	Das Geflügel kochen, anschließend abkühlen lassen und fein schneiden.
50–150 g Fenchel	Den Fenchel dünsten, ebenfalls fein
optional: 50–150 g Reis, gekocht	schneiden und mit dem Fleisch vermengen. Den gekochten Reis untermischen.
⅓–1 ganzer Apfel	Dann den Apfel darüberreiben und
Baldrian (bitte nach Hundegewicht dosieren)	die Kräuter sowie das Öl unterheben.
½–2 EL Lavendel (alternativ Johanniskraut)	Anschließend servieren. Happy New Year!
1TL–2 EL Hanföl	

Tipp:

Viele kleine Portionen über den Tag verteilt sind bekömmlicher für den gestressten Hundemagen. Das Gericht bringt Ruhe in den Darm und ist ein willkommener Ausgleich zur Silvesterunruhe vor der Haustür.

Streetfood
und Snacks

Wer von früh bis abends unterwegs ist, soll selbstverständlich kulinarisch nicht
»vor die Hunde« gehen. Den feinen Snack to go, die Belohnung für gute Taten und
die gesunde Nascherei für zwischendurch kann Frauchen oder Herrchen
einfach zu Hause vorbereiten. So kann was ganz Besonderes für den Vierbeiner
gezaubert werden, denn Liebe geht bekanntlich durch den (Hunde-)Magen.

Joghurt-Snack

GENUSSVOLL SCHLABBERN

Hunde schlabbern, naschen und probieren für ihr Leben gerne. Ausgefallen und besonders köstlich können kleine Joghurt-Snacks für den Vierbeiner sein. Wer hier auf die richtige Sorte und gut verträgliche Produkte achtet, kann seinem Vierbeiner einen köstlichen Snack zubereiten, der mit viel Protein, Calcium und jeder Menge Vitamine nicht nur sehr lecker, sondern auch sehr gesund ist.

⅓–1 großer Bio-Schafjoghurt natur	In den Joghurt nacheinander alle
(wahlweise Ziegenjoghurt)	Zutaten untermischen und nach
1 TL–2 EL Honig	Belieben zusätzlich mit Blaubeeren
½ TL–1 EL Leinöl	garnieren. Den Joghurttraum in eine
1–4 Handvoll Blaubeeren	große, rutschfeste Schüssel geben
½–2 Pfirsich(e), fein püriert	und servieren.

Hinweis:

Bei großen Schlappohren kann der Joghurt-Snack gleichzeitig zur Quarkmaske werden, hier entweder eine große Serviette oder die Kamera bereithalten ;-)

Hundeschlemmerei

RAW BALLS

Roh und geschmacksintensiv: Leckere, ungebackene Happen für zwischendurch können eigentlich jede Hundeschnauze begeistern! Mit den richtigen hundegerechten Zutaten entstehen im Handumdrehen leckere Snack-Bällchen – auch für vierbeinigen Besuch. Einfach, lecker und schnell zubereitet!

200 g Rind oder Lamm
1 große Karotte
50 g Kokosraspel
150 g Kokosmehl
2 Eier
2 EL ÖL

Portionierung: max. 2 Raw Balls/Tag (kleiner Hund) – 6 Raw Balls/Tag (großer Hund)

Für die Raw Balls das Fleisch durch den Fleischwolf drehen. Eine große Karotte fein raspeln und unterrühren. Kokosraspel in der Küchenmaschine fein mixen und gemeinsam mit dem Kokosmehl unter die Masse heben. Eier und Öl hinzufügen und alles verrühren, bis ein homogener Teig entsteht. Hierfür kann gerne der Pürierstab verwendet werden. Anschließend gleichmäßig große Kugeln formen und probefuttern lassen!

Tipp:

Ausgefallen belohnen – auf doppelt gesunde Weise. Die leckeren Bällchen sind perfekt geeignet, um ungeliebte Tabletten darin zu verstecken.

Frische Beerendrops

Naschen muss erlaubt sein. Damit es schmackhaft und gesund gleichzeitig ist, kann es eigens für die Hundeschnauze gebacken werden. Das Gute: Die kleinen Leckerlis strotzen nicht nur vor gesunden Vitaminen, sondern sind auch mit zwei linken Händen einfach zuzubereiten. Beerige Stärkung und gesunde Belohnung – auf die feinen Drops steht garantiert jede Hundeschnauze!

200 g Huhn

2 Handvoll Erdbeeren (oder anderes Obst/Beeren der Saison)

optional: 1 Pfirsich

100 g Hüttenkäse

1 Eigelb

1 TL Chiasamen

200 g Kokosmehl

Portionierung: max. 2 Beerendrops/Tag (kleiner Hund) – 6 Beerendrops/Tag (großer Hund)

Das Fleisch durch den Fleischwolf jagen. Die Beeren und das Obst klein schneiden oder pürieren. Alles vermengen und den Hüttenkäse unterheben. Dann das Eigelb unterrühren und zuletzt die Chiasamen und das Kokosmehl langsam hinzugeben und verrühren.

Zwei Backbleche mit Backpapier belegen und aus dem Teig handliche Drops formen. Die fertigen Drops auf die Bleche legen und in den vorgeheizten Ofen geben. Etwa 20 Minuten bei 150 Grad backen.

Kurkuma-Bananen-Cookies

DER GESUNDE POWERSNACK

Volle Power zum Snacken: Bananen liefern einen ordentlichen Energiekick und schmecken durch ihren natürlichen Fruchtzucker jeder Hundeschnauze. Die aus der Ayurveda stammende goldene Kurkuma gilt als traditionelles Stärkungsmittel mit zellschützender Wirkung. Ein ganz besonderes »Gold-Schmankerl« für besondere Tage!

300 g Rindertartar
1 Tasse Wasser
2 Tassen Kokosmehl (bei Bedarf mehr, wenn Teig sehr klebt)
2 Eier
4 EL grobe Kokosraspeln
1 große reife Banane
3 EL Hanföl
1 Messerspitze Kurkuma

Fleisch, Wasser und Kokosmehl vorsichtig miteinander vermischen. Die Eier verquirlen und dazugeben. Dann die Kokosraspeln unterheben, die Banane pürieren und ebenfalls unterrühren. Alles gut vermischen und zuletzt das Öl und das Kurkuma hinzufügen. Mit der Hand kleine Rollen formen und aufs Backblech legen. Bei 180 Grad Umluft 20 Minuten goldgelb backen.

Besonderheit:
Kurkuma kommt aus der Ayurveda-Tradition und wird seit Jahrhunderten zur Behandlung von Entzündungen, zur Immunstärkung und zur Krebsprophylaxe genutzt. Da es sehr geschmacksintensiv ist, muss sich der Hund vielleicht erst einmal daran gewöhnen.

Nahrungs-ergänzung

Klein, aber oho! Vielfältige gesunde »Nebendarsteller« in der Hundeernährung können – wenn richtig gewählt und dosiert – lebenswichtige Vitalstoffe ergänzen und den Organismus sinnvoll unterstützen. Deswegen sollten sie täglich mit in den Napf wandern.

Nahrungsergänzung für den Hund

WENIGER IST MANCHMAL MEHR

Pulver, Kapseln, Öle und viele weitere kleine Zaubermittel sollen das tägliche Mahl unsere Hunde verbessern, aufmischen oder verfeinern. Wer die Mahlzeiten seines Hundes ergänzen möchte, sollte jedoch immer zum Ziel haben, den Stoffwechsel seines Vierbeiners mit gezielten Nährstoffen zu unterstützen und nicht zu überladen.

Sinnvoll sind Zusätze dann, wenn sie zur Linderung bestimmter Symptome oder zur Prophylaxe in bestimmten Lebenssituationen eingesetzt werden. Zu solchen Situationen zählen beispielsweise Trächtigkeit, Leistungssport, eine überstandene Krankheit, eine erhöhte Infektanfälligkeit oder auch der jährliche Fellwechsel. Nahrungsergänzungspräparate ersetzen jedoch nie eine tierärztliche Behandlung, wenn diese nötig ist.

Wie bei allem gilt also auch bei der Nahrungsergänzung für den Hund, dass eine hohe Menge nicht immer hilfreich ist, denn »viel hilft nicht viel« und das Gegenteil von gut ist gut gemeint.

Calcium

Werden dem Hund nicht regelmäßig Knochen gefüttert, muss ein anderer Calciumlieferant her, z. B. Eierschale, Muschelkalk oder Kieselerde, denn das reine Fleisch enthält von Natur aus sehr wenig Calcium, sodass der Hund ohne Zusatz unterversorgt wäre. Neben natürlichen Calciumlieferanten kann auch das isolierte Calciumcitrat genutzt werden, was der Hund aufgrund seiner organischen Zusammensetzung gut verwerten kann (besser als z. B. Calciumcarbonat). Besonders hoch ist der Bedarf bei Welpen im Wachstum (siehe auch Seite 84), wobei hier besonders auf das richtige Verhältnis zum Phosphor zu achten ist. Dies liegt beim Hund bei 1,3:1 (Ca:P).

Artischocken

Das feine Gemüse bringt nicht nur einen guten Geschmack, sondern wirkt sich auch positiv auf Leber und Galle des Hundes aus. Ebenso hilft Artischocke bei Blähungen, Erbrechen und Gallensteinen.

Fenchelsamen

Die kleinen feinen Samen können dem Hund regelmäßig angeboten werden. Positive Wirkung hat Fenchel auf bronchiale Beschwerden, Erkältungen und Verdauungsstörungen. Er wirkt harntreibend, krampflösend und lockert Schleimeinlagerungen in der Lunge.

Sesamsamen

Sesam öffne dich: Die kleinen Samen liefern hohe Mengen an ungesättigten Fettsäuren und zudem extrem viel Calcium. Sie sind deswegen ein wahrer Märchenschatz im Hundenapf.

Hagebutte

Eine wahre Vitaminbombe ist die Hagebutte, auch praktisch in Form der gemahlenen Hagebuttenschalen. Das reichlich enthaltene Vitamin C ist ein hochwirksames Antioxidans und stärkt das Immunsystem sehr effektiv.

Ingwerwurzel

Ingwer wirkt schmerzstillend, löst Krämpfe, lindert Entzündungen, fördert die Verdauung und regt den Kreislauf des Tieres an. Ebenso hilfreich ist es bei Verdauungsstörungen und Allergien. Da Ingwer blutverdünnend wirkt, darf er nicht vor chirurgischen Eingriffen oder vor der Geburt verfüttert werden.

Flaschenpost

GESUNDE ÖLE

Kalt gepresste Pflanzen- und Fischöle sollten am besten täglich den Hundenapf bereichern. Denn sie liefern sowohl eine hohe Menge an essentiellen Fettsäuren als auch reichlich Energie. Durch ihr Fettsäuremuster haben die flüssigen Nährstoffelixiere zudem einen positiven Effekt auf die Haut- und Fellbeschaffenheit. Außerdem schützen sie die Schleimhäute des Verdauungstraktes. Nicht umsonst erkennt der Fachmann am Haut- und Fellzustand die Fitness eines Vierbeiners.

Leinöl

Kalt gepresstes Leinöl, wirkt sich vielfach positiv auf den Stoffwechsel des Hundes aus. So wirkt es entzündungshemmend bei Schäden innerhalb des Magen-Darm-Traktes oder auch der Haut. Diese Wirkung ist insbesondere sehr hilfreich bei Hunden, die unter einer Futtermittelunverträglichkeit leiden, die sich durch Hautstörungen und Schleimhautreizungen äußert. Zudem enthält Leinöl einen Anteil von fast 90 % ungesättigte Fettsäuren und davon wiederum viele Omega-3-Fettsäuren.

Hanföl

Ziemlich neu entdeckt in der Hundeernährung ist Hanföl. In der menschlichen Ernährung gilt es bereits als eines der wertvollsten Speiseöle überhaupt. Genau wie Leinöl besitzt es entzündungshemmende Eigenschaften, was sich positiv bei Gelenkerkrankungen und Hautproblemen wie Dermatitis auswirkt. Es weist auch einen sehr hohen Gehalt an Omega-3-Fettsäuren auf und besitzt einen sehr hohen Nährwert für den Hund und ist gut verträglich.

Walnussöl

Das reichhaltige Öl der Walnuss wird schon seit Langem für Hunde eingesetzt. Vor allem für ältere Hunde kann es gut genutzt werden, um den Energiegehalt der Mahlzeit aufzuwerten. Es enthält neben hohen Mengen ungesättigter Fettsäuren vor allem Vitamin E und Vitamine der B-Gruppe.

Lachsöl

Geschmacksintensiv und äußerst gesund für den Hund ist das Öl des Lachses. Für Vierbeiner, die ihr Fressen verschmähen, kann es ideal zur Appetitsteigerung

genutzt werden. Weiterhin verfügt das Lachsöl über einen hohen Gehalt an gesunden Omega-3-Fettsäuren; es soll sogar vorbeugende Wirkung haben, was Herzbeschwerden des Hundes anbelangt, da es nicht nur den Cholesterinspiegel senkt, sondern auch den Fluss des Blutes verbessert.

Sanddornöl

Das rötliche, kostbare Öl liefert reichhaltig Vitamin C, was die Immunabwehr des Hundes unterstützt. Der hohe Anteil an mehrfach ungesättigten Omega-Fettsäuren macht es darüber hinaus zu einem sehr gesunden Energiespender für den Vierbeiner und liefert Vitamin E und Lecithin.

Never be far from the bar

»Du bist was du frisst«, heißt es, doch auch Trinken ist äußerst wichtig! Frisches Wasser muss immer zur freien Verfügung bereitstehen. Das Trinkverhalten des Hundes kann zudem auf mögliche Krankheiten oder Missstände hinweisen.

Never be far from the bar

WAS TRINKT MEIN HUND?

»Alles ist aus dem Wasser entsprungen!

Alles wird durch Wasser erhalten!

Ozean, gönn uns dein ewiges Walten.

Wenn du nicht in Wolken sendetest,

Nicht reiche Bäche spendetest,

Hin und her nicht Flüsse wendetest,

Die Ströme nicht vollendetest,

Was wären Gebirge, was Ebnen und Welt?

Du bist's, der das frischeste Leben erhält.«

Johann Wolfgang von Goethe

Alles Leben ist Wasser – auch für den Hund. Rund 56 % der Körpermasse eines ausgewachsenen Hundes besteht aus Wasser, es ist Hauptelement aller Körperflüssigkeiten und Bestandteil von Stoffwechselvorgängen und regulierenden Mechanismen im Organismus. Entscheidend ist Wasser auch bei der Thermoregulation. Da Hunde nicht schwitzen können, müssen sie hecheln. Hecheln kühlt angenehm ab, aber benötigt und verbraucht Wassermengen. Umso empfindlicher reagiert der Vierbeiner deshalb auf einen Wassermangel, da die Thermoregulation bereits bei einem Verlust von »nur« 15 % Feuchte versagt und der Hund überhitzt. Ein Wassermangel führt jedoch auch bei kühlen Temperaturen sehr schnell zum Verdursten. So kann ein Vierbeiner einen Futterentzug im Härtefall mehrere Wochen lang überleben, während ein Wasserentzug in weniger als drei Tagen zum Tod führt.

Somit bleibt frisches Wasser des Hundes wichtigster »Nährstoff« und ist immer frisch und frei zugänglich für ihn zu positionieren.

Der Wasserbedarf

Je nach Jahreszeit, Bewegung und Stoffwechselrate schwankt auch der tägliche Bedarf an Trinkwasser. Wird der Hund relativ »feucht« ernährt, gilt ein Richtwert von 15 ml/kg Körpergewicht. Das wären beispielsweise bei Schokoschnutes schlanken 15 kg rund 225 ml, die sie minimal zusätzlich trinken müsste. Würde ich sie nur mit Trockenfutter füttern, müsste sie theoretisch sogar 1,2 l am Tag trinken, um ihren Wasserhaushalt optimal aufzufüllen. Bei einer gesteigerten Aktivität, kombiniert mit hohen Temperaturen, kann der Bedarf auch einmal bis auf 150 ml/kg Körpergewicht ansteigen. Das bedeutet, dass sogar schon ein sehr kleiner Hund von nur 5 kg bereits 1 l Wasser schlabbern müsste.

Deswegen ist nicht nur auf den Fressnapf zu achten – dem Wassernapf gebührt mindestens ebenso viel Aufmerksamkeit! Frisches Trinkwasser muss dem Vierbeiner grundsätzlich immer und überall frei zur Verfügung stehen.

Genau wie beim Fressen sind jedoch auch bei der Wasserwahl die Geschmäcker verschieden. So bevorzugt der eine Vierbeiner sein Kaltgetränk frisch aus der Leitung, während es für den anderen Hund erst abgestanden richtig schmeckt. Aber über Geschmack lässt sich bekanntlich ja streiten …

Ungesund: Fastfood-Drinks

Erfrischende Getränke aus dem Supermarktregal sind für uns Zweibeiner (häufig) ein Genuss. Für den Hund sind sie jedoch keine gute Empfehlung. Fertigprodukte wie Hundemilch oder Hundewasser enthalten meist große Mengen an künstlichen Geschmackverstärkern oder gar Zucker – keine gesunden Komponenten für den Hunde-Wassernapf.

Übermäßiges Trinken

Achtung! Ein verändertes Trinkverhalten kann verschiedene Ursachen haben. Bei erhöhter Aktivität und heißen Temperaturen ist es normal, dass der Hund mehr trinkt als an anderen Tagen. Wird jedoch ohne ersichtlichen Grund auf einmal ein Vielfaches an Wasser aufgenommen, so muss der Ursache schnell auf den Grund gegangen werden. Denn auch Krankheiten der Nieren, Diabetes oder Infekte können beim Hund solch ein großes Durstgefühl verursachen. Die hohe Wasseraufnahme kann außerdem weitere Krankheitssymptome mit sich bringen, da dadurch das Blut verdünnt wird und der osmotische Druck im Stoffwechsel nicht aufrechterhalten werden kann. Das kann schlimmstenfalls zum Zusammenbruch des Kreislaufs führen.

Zutaten und Nährstoffe

Was liefert was und wie viel braucht der Hund? Gesunde Nährstoffe und wichtige Vitamine können auf ganz unterschiedlichemn Wegen in den Napf wandern und auch in einer »schnöden Rübe« können wahre Nährstoffschätze stecken.

Zutaten-Lexikon

FLEISCH

Die richtige Fleischsorte

Die Fleischsorten müssen ganz individuell ausprobiert werden, wobei grundsätzlich fast alle Sorten für den Hund geeignet sind. Ja nach Geschmack und Verträglichkeit des Vierbeiners wählt jeder Hundebesitzer mit der Zeit die bevorzugten Fleischsorten für seinen Vierbeiner aus. Sehr wertvoll ist selbstverständlich Muskelfleisch, das eine Fülle an lebenswichtigen Amino- und Fettsäuren liefert. Je nach Marmorierungsgrad (Anteil des Fettes am Fleisch) besitzt es zudem eine sehr gute Akzeptanz beim Hund.

Knochen

Außer gekochten Geflügelknochen sind fast alle geeignet, sofern sie keine spitzen Ecken, scharfen Kanten oder Splitter haben. Ideal sind u. a. Rippen, Mark- oder lange Röhrenknochen oder auch Hälse. Bitte nur unter Aufsicht am Stück verfüttern!

Geeignete Fleischsorten

- Rind, Kalb
- Lamm
- Ziege
- Pferd
- Geflügel
- Fisch
- Exoten (Strauß, Känguru, Antilope, Kamel, …)
- Wild und Kaninchen
- Schaf

Und was ist mit Schwein?

Lange war Schweinefleisch vom Hundespeiseplan gestrichen, da es als potenzieller Träger des Aujeszky-Virus galt. Das Aujezky-Virus gehört zur Gruppe der Herpesviren und ist Erreger der Pseudowut. In Deutschland und in vielen anderen europäischen Ländern gilt das Aujeszky-Virus heute als ausgerottet, weswegen das Schweinefleisch langsam seinen Weg zurück in den Hundenapf findet.

Innereien

Innereien wie u. a. Pansen, Milz, Niere und Leber sind reichhaltig an Vitaminen, Mineralstoffen, Enzymen und Co-Faktoren, weswegen sie ein toller Bestandteil jedes Hundemenüs sind. Aufgrund ihres intensiven Aromas werden sie auch nur allzu gerne gefressen.

Auf die richtige Menge der verfütterten Innereien muss jedoch geachtet werden, um eine Überversorgung mit Vitaminen bis hin zu Vergiftungserscheinungen zu verhindern. Aus diesem Grund wird empfohlen, Innereien wie Leber, Niere oder auch Milz maximal zweimal pro Woche in den Fressnapf zu füllen.

Geeignete Innereien

• Leber
• Herz (eine Delikatesse! Es zählt ebenso wie der Magen zum Muskelfleisch)
• Lunge/Luftröhre
• Pansen und weitere Vormägen
• Milz
• Niere
• Schlund/Speiseröhre
• Euter
• Lefzen
• Zunge

Portionierung

Unabhängig von der Fleischsorte kann es dem Vierbeiner als ganzes Stück, klein geschnitten oder fein gewolft angeboten werden. Die Portionierung der Fleischstücke ist dabei abhängig von der Größe des Tieres, seinem Alter, eventuellen Zahnproblemen und seinen Fressvorlieben.

Extratipp: Durch das vorherige Einfrieren des Rohfleisches wird gewährleistet, dass eventuelle Infektionen mit Würmern, Bakterien oder Viren nicht übertragen werden.

Gute Ergänzung zu Fleisch: Getreide/Gräser

• Dinkel
• Reis
• Amaranth
• Buchweizen
• Hirse
• Quinoa
• Couscous
• Bulgur
• Karmut

Die richtige Aufbereitung

Wichtig für die Hundeernährung ist es beim Gemüse, dass es dem Hund nicht einfach am Stück serviert wird, sondern immer zerkleinert, gekocht oder püriert – ganz so, als würde es dem Magen des Beutetieres entspringen. Denn nur die aufgeschlüsselten Pflanzenteile kann der Hund für sich nutzen. Viele Vierbeiner lieben es zwar, auf einer ganzen Möhre zu knabbern, aber auf ihrem »Vitaminkonto« sammeln sie dadurch keine Pluspunkte.

Mit einer rohen Möhre am Stück machen Sie aber, solange die Vitaminzufuhr auf einem anderen Weg gesichert ist, dennoch nichts falsch – auch wenn sie nur den Knabberspaß des Vierbeiners befriedigt.

Geeignete Gemüsesorten

- Aubergine
- Brokkoli (nur gedämpft)
- Chicorée (schmeckt aber bitter)
- Fenchel
- Gurke
- Ingwer
- Kartoffel
- Karotte (der gesunde Evergreen!)
- Kohlrabi (vor allem die Blätter)
- Knollensellerie
- Kürbis
- Fenchel (Achtung, bitteres Öl, aber sehr gesund!)
- Mangold
- Mohrrüben
- Pastinake
- Rote Bete (Kalium- und Folsäure-Superstar – wir lieben sie einfach!)
- Romanesco
- Salate
- Spargel
- Spinat
- Süßkartoffel
- Staudensellerie
- Zucchini

Grüne
Freunde

Das richtige Maß ist entscheidend

Obst ist lecker. Obst ist gesund. Obst sorgt für viele frische Vitamine. Doch enthält es bekanntermaßen auch Fruchtzucker und ist deswegen nur in Maßen ein gesunder täglicher Begleiter für unsere Vierbeiner! Aufgrund ihrer natürlichen Süße frisst der Hund die meisten Obstsorten sehr gerne und kann auch optimal mit kleinen Fruchtstücken belohnt werden. So wird der tägliche Speiseplan automatisch um einige gesunde Vitamine bereichert und der Hund freut sich über die abwechslungsreiche Leckerei. Zudem liefert Obst die lebenswichtigen natürlichen Ballaststoffe für eine gute Verdauung und gesunde Magen-Darm-Flora. Genau wie beim Gemüse gilt, dass es nur zerkleinert, püriert oder gegart (bitte schnippeln) im Hundeorganismus verwertet werden kann.

Geeignete Obstsorten

• Apfel (an apple a day …)
• Ananas (Tipp für die Diätküche)
• Aprikose (blutbildend und appetit-
  anregend)
• Banane (wegen ihres Fruchtzucker-
  gehaltes nicht täglich, nur in Maßen)
• Birne
• Beeren
• Dattel
• Feige (Vitaminbombe!)
• Mango
• Kirsche (Achtung: bitte ohne Kerne!)
• Kiwi
• Mango
• Wasser- oder Honigmelone
• Nektarine
• Orange (nur in Maßen; wirkt aber blut-
  reinigend und blutdrucksenkend)
• Papaya
• Pfirsich

Heilpflanzen für den Hund

Aromatische Kräuter bieten auf ganz natürlichem Weg viele Nährstoffe, auf die der Hund täglich angewiesen ist. Statt durch synthetische Nährstoffmixturen können sie so auf ganz gesunde Weise ergänzt und bereichert werden. Nicht umsonst hat die Wissenschaft der Phythopharmaka (Gesundheits- und Heilkräuter) eine jahrtausendlange Tradition. Heilpflanzen spielen in der Medizin und Therapie von Mensch und Tier schon immer eine tragende Rolle.

Bis heute sind über 250 000 Heilkräuter bekannt, die in der Phytotherapie bei einer Vielzahl von Beschwerden eingesetzt werden. In Deutschland werden aktuell rund 600 Sorten in der gängigen Praxis verwendet. Doch nicht nur als Kur bei Beschwerden oder als Begleitung einer Therapie können die kleinen feinen Kräuter eingesetzt werden. Auch im Alltäglichen können sie den Hundenapf wunderbar ergänzen! Je nach Bedürfnis, Jahreszeit und Geschmack kann für den Hund ganz individuell der richtige Kräutermix zusammengestellt werden. Aufgrund des intensiven Geruchs einiger Pflanzen sollte man die Dosierung sehr langsam steigern, um die empfindliche Hundenase nicht gleich zu überfordern.

Ein positiver Effekt aller Kräuter ist ihre Wirkung auf die Magen-Darm-Flora. Die wertvollen pflanzlichen Ballaststoffe liefern Substrat für die Darmbakterien des Hundes und fördern durch ihren Rohfaseranteil die Verdauung.

Geeignete Kräuter

- Basilikum: mineralstoff-/vitaminreich
- Brennnessel: hilft bei Erkrankungen der Nieren und der Blase
- Löwenzahn: positive Wirkung auf Leber, Niere und den Urin-pH-Wert
- Schachtelhalm & Glukosamin: gut bei Gelenkbeschwerden, Knorpel- und Knochenerkrankungen
- Kamille: beruhigende Wirkung, positiver Effekt auf die Schleimhaut des Magen-Darm-Trakts
- Salbei: antibakteriell, entzündungshemmend, immunstärkend
- Thymian: befreit die Atemwege, antibakteriell, krampflösend
- Rosmarin: fördert das Gehirn, immunstärkend, antibakteriell
- Fenchel: bei Schleimhautreizung/Husten
- Gartenkresse: hoher Mineralstoffgehalt
- Melisse: eine kleine Vitaminbombe
- Schnittlauch: lecker und voller wertvoller Nährstoffe und Vitamine
- Weißdorn: Unterstützung bei Herzschwäche und -erkrankungen

Wichtige Nährstoffe

WER LIEFERT WAS IM NAPF

Das Futter des Hundes muss alle wichtigen Nährstoffe enthalten, die der Vierbeiner für seinen Energiebedarf, Organismus sowie sämtliche Stoffwechselvorgänge benötigt. Die Basis bilden die sogenannten Rohnährstoffe: Fett, Protein, Rohfaser, Energie und Rohasche. Begleitet werden diese von den Vitamin- und Mineralstoffgruppen, Ballaststoffen und Spurenelementen. Wichtig ist natürlich nicht nur, dass alles Wichtige im Napf landet, sondern auch, dass die richtigen Mengen eingehalten werden. Während viel nicht immer viel hilft, kann auch ein Mangel einer Komponente im »Nährstoffballett« schnell zu Problemen im Hundestoffwechsel führen.

Ballaststoffe und Rohfaser

Ballaststoffe und Rohfaser sind in aller Munde. Doch nicht jeder weiß: Warum braucht der Hund diesen »Ballast« in seiner Nahrung überhaupt?

Unser Hund braucht neben Fleisch immer eine pflanzliche Komponente in seinem Napf, um Vitamine, Mineralstoffe und die ebenso wichtigen Ballaststoffe zu erhalten.

Durch die Ballaststoffe wird der Verdauungstrakt des Hundes gefüllt, was einen Druckreiz verursacht und dadurch die gesamte Verdauungsbewegung in Gang setzt. Die Ballaststoffe liefern zudem die wichtige natürliche Rohfaser, die hilft, den Darm zu säubern und die gesunden Magen-Darm-Bakterien zu ernähren.

(Roh-)Asche

Der Begriff (Roh-)Asche bedeutet nicht, dass sich heimlicher Aschezusatz im feinen Hundemenü verbirgt, sondern er bezeichnet alle nicht brennbaren Substanzen im Hundefutter.

Nach dem Verbrennen im Feuer verbleiben diese anorganischen Stoffe – zusammengefasst unter dem Begriff Rohasche. Darin enthalten sind Mineralien. Hätte jemand Erde in das Futter gemischt, würde diese theoretisch auch in der Rohasche enthalten sein.

Rohprotein

Der Begriff Rohprotein bezeichnet lediglich den Gehalt an Eiweiß im Futter. Er sagt nichts über die Qualität der verwendeten Rohmaterialien aus! Der Proteingehalt ist somit nicht automatisch mit dem Gehalt an Fleisch gleichzusetzen, da auch minderwertige Mehle oder Getreidesorten Proteine liefern können. Hier muss demnach zusätzlich auf die Zutatenliste geschaut werden. Die Zutat an erster Stelle ist mengenmäßig am meisten enthalten.

Rohfett

Unter dem Begriff Rohfett verstehen wir die Summe aller im Futter enthaltenen »etherlöslichen« Substanzen, also aller Öle und Fette. Der Hund benötigt das Fett in seiner Nahrung zur Energiegewinnung und als Lieferant der lebenswichtigen Fettsäuren. Diese werden vor allem durch sehr hochwertige Fette mit dem passenden Fettsäuremuster, wie beispielsweise Leinöl, bereitgestellt.

Feuchtigkeit

Hinter der Angabe »Feuchtigkeit/Feuchte« verbirgt sich schlicht und einfach der Wassergehalt eines Futtermittels. Zieht man diesen ab, erhält man die Trockensubstanz. Der Feuchtigkeitsgehalt eines Futters ist ein wichtiger Hinweis, wenn es darum geht, Nährstoffgehalte zu vergleichen. Diese sollten in Relation zur Trockenmasse oder besser noch zum Energiegehalt des Futtermittels gesetzt und auf diese Größen bezogen werden.

Trockenmasse

Die Trockenmasse enthält alle bei 103 Grad nicht flüchtigen Stoffe des Futters. Sie lässt sich einfach berechnen, wenn man die Feuchte eines Futters kennt:

ursprüngliche Substanz – Wasser = Trockenmasse

Mineralien

Unter dem Begriff Mineralien werden diejenigen anorganischen Stoffe zusammengefasst, die der Körper des Hundes nicht selbstständig herstellen kann. Die lebenswichtigen Mineralstoffe sind an allen Zellen- und Stoffwechselprozessen beteiligt und nehmen außerdem Einfluss auf den Wasserhaushalt des Tieres. Sie dienen zudem als Baustoffe für das Skelett und die Zähne.

In der Nahrung sind die Mineralien meistens an andere Stoffe gebunden und liegen sozusagen nicht einzeln vor. Die angebundenen Stoffe können ebenfalls anorganisch sein oder aber es handelt sich um organische Stoffe wie zum Beispiel Proteine oder Kohlenhydrate. Je nach Konzentration werden die Mineralien in Mengenelemente und Spurenelemente unterteilt.

Calcium

Tagesbedarf: 80 mg/kg KM

Überdosierung bei gleichzeitig überhöhtem Vitamin D oder auch ein Phosphormangel (da dann das Calcium-Phosphor-Verhältnis nicht mehr stimmt) führt zu Gefäßverkalkungen und Knochenstörungen. Calcium ist vor allem für die Mineralisierung von Knochen und Zähnen verantwortlich und hängt eng von der Konzentration von Phosphor und Vitamin D ab. Das richtige Verhältnis dieser Stoffe zueinander ist essenziell und ausschlaggebend für die Knochengesundheit des Hundes. Das ideale Verhältnis von Calcium zu Phosphor (Ca:P) sollte bei 1,3:1 liegen. Weitere Aufgaben übernimmt Calcium für die Nerven und den Muskelstoffwechsel. Im Körper des Hundes liegt sein Anteil bei 2 % der gesamten Körpermasse. 98 % dieses Calciumanteils liegen im Skelett vor. Bei einem Calciummangel kommt es nach einiger Zeit zu Schäden am Skelett in Form einer Entmineralisierung der Knochen. Diesen Zustand nennt man Osteoporose und beschreibt einen Knochenschwund mit Verlust der Knochenstruktur. Weitere Symptome sind Krämpfe und Blutarmut. Eine Überversorgung mit Calcium kann eine Verkalkung der Blutgefäße und der Organe zur Folge haben.

Muskelschwäche, Erbrechen und Verdauungsprobleme sind weitere Symptome.

Da rohes Fleisch relativ arm an Calcium ist, muss dieses durch andere Zutaten und Beilagen ergänzt werden. Natürliche Komponenten hierfür sind Eierschalen und einige Milchprodukte, die je nach Verträglichkeit eingesetzt werden können.

Phosphor

Tagesbedarf: 60 mg/kg KM

Phosphor reguliert gemeinsam mit Vitamin D und Calcium den Knochenstoffwechsel. Bei einem Mangel kann der Hund dieses zunächst gut ausgleichen. Hierzu wird weniger Phosphor als vorgesehen über die Nieren ausgeschieden und gleichzeitig mehr aus dem Darm aufgenommen. Kritischer als ein Phosphormangel ist für den Hund ein falsches Phosphor-Calcium-Verhältnis. Bei einem Überschuss an Phosphor kommt es neben einem gefährlichen Calciummangel zudem zu einem erhöhten Risiko für Nierenschäden und Harnsteine.

Kalium

Tagesbedarf: 55 mg/kg KM
Überdosierung: ab 2,5 g/kg KM

Kalium ist beim Hund wichtig für den Wasserhaushalt, die Muskulatur und die Nerven. Weiterhin übernimmt es Aufgaben im Kohlenhydrat- und Fettstoffwechsel. Bei einer Unterversorgung, die beispielsweise durch eine Durchfallerkrankung verursacht werden kann, kann es je nach Schwere zu Lähmungserscheinungen und niedrigem Blutdruck kommen. Eine Überversorgung hingegen äußert sich vor allem am Herzen. Hier können Rhythmusstörungen bis hin zum Kammerflimmern auftreten.

Kaliumhaltige Nahrungsmittel sind Obst und Gemüse sowie einige Getreidesorten.

Magnesium

Tagesbedarf: 12 mg/kg KM

Magnesium ist ein Mineralstoff, der wichtig für die Knochen, das Nervensystem und die Muskelfunktionen ist. Bei einem Mangel kommt es zu Problemen am Herz-Kreislauf-System. Symptomatisch äußert sich die Unterversorgung in Form von Zittern, Krämpfen sowie Organ- und Gefäßproblemen, welche die Durchblutung behindern. Bei zu viel Magnesium reagiert der Hund mit Durchfall und kann im Extremfall Lähmungserscheinungen zeigen. Zudem steigt das Risiko für Harnsteine und Nierenschäden. Sehr reich an Magnesium sind Gemüse und Getreidesorten wie Hirse oder Dinkel.

Natrium

Tagesbedarf: 50 mg/kg KM

Natrium ist bekannt als Bestandteil von Kochsalz und ist genau wie beim Menschen auch für den Hund lebenswichtig, um den Wasserhaushalt zu regulieren. Da es sowohl im Urin als auch im Kot in relativ großer Menge ausgeschieden wird, muss es dementsprechend auch über die Nahrung wieder zugeführt werden. Ein Mangel führt zur Austrocknung, was der Hund durch ein vermehrtes Hecheln anzeigt. Weiterhin leidet das Tier bei Natriummangel unter niedrigem Blutdruck und Muskelschwäche. Eine Überversorgung ist eher selten beim Hund und äußert sich durch Erbrechen, Schwäche und Durchfall. In der Wildnis nahm der Wolf Natrium über das Blut seiner Beute auf, im heutigen Menü wird es über die Zugabe kleiner Mengen Salz zugesetzt.

Lebenswichtige Funktionen

Vitamine sind im Stoffwechsel unersetzlich, haben eine organische Struktur und funktionieren als Enzyme, Botenstoffe und Bausteine. Sie sind eingebunden in die Verwertung von Fett, Protein und Kohlenhydraten und regulieren den Energiehaushalt. Zudem sind sie unabdingbar für ein starkes Immunsystem. Die Vitaminversorgung des Hundes sollte im Idealfall immer auf ganz natürliche Weise stattfinden, etwa durch die Verwendung von frischem Obst, gesundem Gemüse und feinen Kräutern. Diese Zutaten sind wahre Vitamin- und Mineralstoffbomben und enthalten wichtige Vorstufen und sekundäre Pflanzenstoffe, die mit den eigentlichen Vitaminen und Mineralstoffen unzählige Wechselwirkungen eingehen. Hierdurch entstehen letztlich die positiven Wirkungsweisen dieser natürlichen Mikro-Nährstoffe.

Grob unterteilt man die Vitamine in die Gruppe der fettlöslichen und wasserlöslichen Vitamine. Sie brauchen das jeweilige Medium, um sich darin zu lösen und so über den Darm ins Blut und weiter transportiert werden zu können. Für die Aufnahme der fettlöslichen Vitamine werden demnach Fette und Mineralstoffe benötigt. Sie werden im Körper vor allem in der Leber gespeichert, sodass sie bei zu hoher Dosierung unter Umständen auch Schäden anrichten können. Die wasserlöslichen Vitamine werden hingegen nicht im Körper des Hundes gespeichert und müssen laufend zugeführt werden.

Fettlösliche Vitamine

Vitamin A *(Retinol)*
Tagesbedarf: 75–100 IE/kg KM/Tag
Überdosierung: 300 000 IE/kg KM

Der Hauptspeicher für Vitamin A ist die Leber. Da auch andere Tiere wie z. B. Rinder das Vitamin in der Leber speichern, sind Innereien für die Hundenahrung als Vitamin-A-Zusatz sehr geeignet. Um eine Überversorgung zu vermeiden, sollte man sich an den Tagesbedarf halten.
Ein Vitamin-A-Überschuss kann zu Vergiftungserscheinungen führen, da es nicht ausgeschieden, sondern gespeichert wird. Pflanzliche Lebensmittel enthalten lediglich die Vorstufe zu Vitamin A, das β-Carotin. Dies kann im Darm des Hundes bei Bedarf in Vitamin A umgewandelt werden und wirkt ansonsten antioxidativ, was die Zellen vor Schäden schützt. Vitamin A ist wichtig für die Augen, die Hautgesundheit, das Wachstum und die Fortpflanzung des Hundes. Bei Mangel kommt es

zu Schuppen, Sehstörungen und Fruchtbarkeitsproblemen. Reich an Vitamin A sind Leber, Eidotter, Lebertran, Seefisch und Fischöle. Carotinoide kommen u. a. reichlich in Möhren, Tomaten, Brokkoli und Spinat vor.

Vitamin D (Calciferol)

Tagesbedarf: 10 IE/kg KM/Tag
Überdosierung: 10 000 IE/kg KM täglich oder 1× 200 000 IE/kg KM

Auch Vitamin D wird vom Körper des Hundes gespeichert und nicht ausgeschieden, sodass eine Überversorgung dringend zu vermeiden ist. Es nimmt eine Schlüsselrolle im Knochenstoffwechsel ein, da es die Aufnahme von Calcium in die Knochen ermöglicht. Zudem sichert es die Calciumaufnahme aus dem Darm. Ein Mangel kann zu weichen Knochen und Wachstumsproblemen führen. Bei einem Überschuss kommt es zu einer drastischen Erhöhung von Calcium im Blut. Schwere Schäden an den Organen können die Folge sein. Zudem kommt es zur Gefäßverkalkung, Polyurie, zu blutigem Durchfall und einem Überschuss an Phosphor im Blut.

Vitamin E (Tocopherole)

Tagesbedarf: 1 mg/kg KM
Überdosierung: hohe Toleranz, chronische Überdosierung verursacht Schäden an Organen und innerhalb des Stoffwechsels.

Diese Vitamine werden von Pflanzen gebildet und schützen die Zellen im Stoffwechsel, indem sie freie Radikale fangen. In der Leber des Hundes kann es im geringen Umfang gespeichert werden. Damit der Hund es aufnehmen kann, braucht er ausreichend Zink. Bei einem Mangel kommt es zu Schäden an der Muskulatur und Fruchtbarkeitsproblemen. Bei einem Überschuss an Vitamin E reagiert der Hund toleranter als bei zu viel Vitamin A oder D, da es nicht toxisch wirkt. Viel Vitamin E ist in Pflanzenölen enthalten sowie in Gemüse wie Grünkohl oder Paprika. Auch Eier enthalten Vitamin E.

Vitamin K (Chinone)

Tagesbedarf: 16 μg/kg KM; erhebliche Mengen synthetisiert der Hund in Darm jedoch selbst.

Der Begriff Vitamin K umfasst eine Gruppe von Vitaminen, die alle wichtige Aufgaben in der Blutgerinnung übernehmen. Ohne Vitamin K würde der Hund dementsprechend verbluten, da das Blut nicht mehr gerinnen würde. Bei einer Vergiftung mit Rattengift wird dieser Mechanismus aufgehoben, sodass dem Tier zur Rettung hohe Mengen Vitamin K gegeben werden müssten. Bei einer Überversorgung kommt es zu keinen Nebenwirkungen. Reich an Vitamin K sind Blattgemüse, Fleisch, Milchprodukte, Eier und Obst.

Wasserlösliche Vitamine

Vitamin C *(Ascorbinsäure)*

Dieses Vitamin ist essenziell zur Bildung von Kollagen, was wichtig für die Knorpel, das Zahnfleisch und die Haut ist. Es sorgt für die Elastizität der Haut und die Heilung bei Wunden. Zudem unterstützt es die Aufnahme von Eisen und wirkt antioxidativ. Es wird vom Hund selbst in Leber und Niere hergestellt. Eine Zufütterung kann in Zeiten eines beanspruchten Immunsystems jedoch sinnvoll sein. Viel Vitamin C enthalten Hagebutten, Kiwi, Sanddorn, Petersilie und Spinat.

Vitamin-B-Komplex

Tagesbedarf: 38 µg/kg KM

Diese Gruppe umfasst viele Vitamine, die ähnliche Aufgaben haben. Das bekannteste ist das **Vitamin B₁** (Thiamin), das Proteine und Kohlenhydrate in Energie umwandelt. Bei einem Mangel kommt es zu Gewichtsverlust, Angst- und Aufregungszuständen. Bestimmte Fische enthalten das Enzym Thiaminase, welches das Vitamin zerstört (siehe auch Seite 43). Allerdings ist der Hund in der Lage, einen erheblichen Teil an Vitamin B₁ selbst herzustellen. Reich an B₁ sind Fleisch, Weizenkeime, Brokkoli, Kartoffeln und Getreide.

Vitamin B₂ (Riboflavin) unterstützt die Umwandlung der Proteine, Kohlenhydrate und Fette in Energie. Es muss in der Nahrung enthalten sein. Bei Mangel kommt es zu Dermatitis, nervösen Störungen und Wachstumsproblemen. Reich an B₂ sind Muskelfleisch, Fisch, Petersilie, Leber, Pansen, Eier und Getreide.

Vitamin B₃ ist an der Nährstoffverwertung beteiligt und übernimmt Aufgaben zur Bildung von Botenstoffen im Gehirn. Es ist wichtig für gesunde Haut und Verdauung. Bei einem Mangel an B₃ verfärbt sich die Zunge dunkel und es entstehen Geschwüre im Maul. Ein Überschuss hingegen provoziert Hautrötungen, Hitzegefühl und Quaddeln. Reich an B₃ sind Wild, Fleisch, Geflügel und Fisch.

Vitamin B₅ (Pantothensäure) wird benötigt, um das Coenzym A herzustellen, was wichtig für den Stoffwechsel des Hundes ist. Weitere Aufgaben hat es im Hormonhaushalt. Bei Mangel kommt es im Extremfall zu Gewichtsverlust, Bewegungsstörungen und Schleimhautveränderungen. Viel B₅ enthält Fleisch, Leber und Fisch.

Vitamin B₇ (Biotin) sorgt für gesunde Haut, Fell und Krallen. Größtenteils kann der Hund es selbst herstellen. Beim Fellwechsel kann es jedoch ergänzt werden. Besonders reich an Biotin ist Eidotter, während rohes Eiklar durch Avidin die Biotinaufnahme hemmt. Bei Biotinmangel kommt es zu stumpfem Fell, Juckreiz und bei Hündinnen zu schwachen Welpen.

Giftkatalog

Giftig oder nicht? Wenn sich der Vierbeiner ungefragt am Mittagstisch oder an der Pausenbrotbox des Kollegen bedient, ist das nicht ganz ungefährlich. Denn wer weiß, ob der Hund etwas für ihn Schädliches gefressen hat? Besser ist, wenn der Besitzer weiß, welche Lebensmittel immer hundesicher verstaut werden müssen.

Gift für den Hund

Schokolade

Schokoladene Köstlichkeiten enthalten Theobromin, das nicht giftig für den Zwei-, jedoch für den Vierbeiner ist. Nach dem Verzehr von Schokolade kommt es bei ihm deswegen schnell zu Erbrechen, schlimmem Durchfall und auffälligem Muskelzittern. Je nach Kakaoanteil der Schokolade sind 8 bis 60 g der Nascherei bereits kritisch für den Hund. Besonders viel Theobromin enthalten übrigens dunkle Schokolade und Kakaopulver.

Weintrauben

Beim Hund führen Trauben zu einer drastischen Erhöhung des Kalziumgehaltes im Blut, wodurch es zu hochgradig erhöhten Nierenwerten kommt. Symptomatisch äußern sich diese beim Vierbeiner in Durchfall, Magenkrämpfen, Appetitlosigkeit, Lethargie und reduziertem Urinabsatz. Die giftige Dosis liegt um 116 g/kg Körpergewicht.

Avocado

Sie beinhaltet das Toxin Persin, das für Hunde gefährlich ist. Ab einer gewissen Menge verursacht es Schäden des Herzmuskels, die zu Herzversagen und gefährlichen Entzündungen anderer Organe führen.

Zwiebeln und Knoblauch

Die würzigen Knollen enthalten Schwefelverbindungen, welche die roten Blutkörperchen des Hundes zerstören. Dadurch wird der Sauerstofftransport im Blut unterbunden und es kommt zu einer Blutarmut. Die kritische Giftdosis beginnt ab ungefähr 5 g/kg Körpergewicht. Im Fall von Knoblauchextrakt beginnen die Symptome bereits ab 1,25 ml/kg Körpergewicht. Dies bedeutet vereinfacht, dass für einen 20 kg schweren Hund schon zwei Knoblauchzehen gefährlich werden können – egal ob getrocknet, pulverisiert oder gegart.

Alkohol

Alkohol kann vom Hund nur sehr langsam und unvollständig verstoffwechselt werden, sodass es bereits 30 Minuten nach Aufnahme zu Symptomen einer richtigen Vergiftung kommt. Kleinste Mengen führen zu Erbrechen, Koordinationsstörungen und Atemnot.

Koffein

Das enthaltene Koffein beinhaltet Methylxanthin, was den Blutdruck des Tieres steigert und die Reizschwelle der Nervenbahnen im Gehirn senkt. Die schlimmen gesundheitlichen Folgen für den Hund sind Unruhe, Zittern und Krämpfe bis hin zu gefährlichen Herzrhytmusstörungen.

Rohe Bohnen

Schmecken nicht und sind zudem durch das enthaltene Toxin »Phasin« äußerst giftig für den Hund. Der Giftstoff hemmt im Dünndarm die Bio-Proteinsynthese. Binnen kurzer Zeit kommt es beim Hund zu Blässe, Erbrechen, Bauchkrämpfen und blutigem Durchfall. Weitere Symptome sind Appetitlosigkeit, Kolik und Fieber bis hin zu Kollaps und einer dramatischen Leber- und Milzschwellung.

Steinobst

Steinobst schmeckt und ist vitaminreich, aber bitte immer ohne den Kern füttern! Dieser beinhaltet nämlich die gefährlichen, toxischen Stoffe Amygdalin und Prunasin. Diese Gifte verursachen eine Blockierung der Zellteilung durch die Abspaltung der gefährlichen Blausäure im Stoffwechsel des Hundes. Es kommt sehr schnell zu Erbrechen, einer stark erhöhten Herzfrequenz und hohem Fieber. Charakteristisch ist ein Blaumandelgeruch des Hundeatems. Wird dieser festgestellt, ist sofort medizinische Hilfe geboten!

Süßstoff

Gut für unsere Linie – schlecht für den Hund: Süßstoff enthält den Zuckeraustauschstoff Xylit, der zu einer dramatischen Senkung des Blutzuckerspiegels führt, da die Ausschüttung des körpereigenen Insulins beachtlich erhöht wird. Durch die hohen Mengen an Insulin wird der Blutzucker geradezu »verschwendet«. Fatale Folgen der Vergiftung sind eine allgemeine Schwäche, schwere Koordinationsschwierigkeiten und anhaltende Krämpfe.

Ungesund

Knabbereien

Chips oder Cracker sind sehr salzhaltig und meist stark gewürzt. Die konzentrierte Salzaufnahme erhöht den Blutdruck und belastet die Nieren und das Herz des Hundes in hohem Maße.

Milch

Milch ist grundsätzlich nicht giftig, jedoch führt der enthaltene Milchzucker, die sogenannte Laktose, häufig zu starken Durchfällen, da der Hund sie nicht verdauen oder verwerten kann.

Rohes Eiklar

Das rohe Eiweiß vom Hühnerei schadet dem Hund auf Dauer durch das enthaltene Protein Avidin. Dieses bindet Biotin und verhindert seine Aufnahme in den Körper.

Nüsse

Sie besitzen einen sehr hohen Phosphor-gehalt, der die Nieren des Hundes stark belastet, weswegen sie nur in Maßen ver-füttert werden sollten.

Sonstige gefährliche Gifte

Ibuprofen

Zuverlässig bei Schmerzen, doch gefähr-lich für den Hund! Der Wirkstoff Ibu-profen ist schon in ganz geringen Mengen giftig für den Hund. Ein 20 kg schwerer Hund kann schon bei einer Tablette mit 200 mg Ibuprofen schwere Symptome zeigen. Der Wirkstoff schädigt Leber und Nieren so gravierend, dass es zu chroni-schen Schäden oder sogar zum Tod kom-men kann. Geringere Dosierungen führen zu schweren Reizungen des Magens und schmerzhaften Magen-Darm-Blutungen.

Aspirin

Der Klassiker in der Hausapotheke hilft beim Zweibeiner stets zuverlässig bei Kopfschmerzen, Erkältung oder nach einem Glas Wein zu viel. Beim Vierbeiner reizt es jedoch die Schleimhaut von Ma-gen und Darm hochgradig und hemmt die Blutgerinnung, sodass es zu unkontrollier-baren Blutungen an den inneren Organen kommt.

Rattengift

Zur Bekämpfung von unbeliebten Schad-nagern ist der Einsatz von Rattengift in Ställen, Gärten oder Schuppen immer noch sehr weitverbreitet. Das Heimtücki-sche des Rattengiftes mit dem Wirkstoff Cumarin ist die Tatsache, dass sich seine Wirkung erst 2–5 Tage nach seiner Auf-nahme derart entfaltet, dass Symptome er-kennbar sind. Cumarin bewirkt im Körper eine Aufhebung der Blutgerinnung, so-dass das Tier qualvoll innerlich verblutet.

Schneckengifte

Um Salatpflanzen, Rosen und Zierpflan-zen im Garten zu schützen, setzt der Gärtner gerne Schneckengift ein. Das Schneckenkorn wirkt über seinen Wirk-stoff Metaldehyd, der dem Gift seinen süßen Geschmack gibt und dadurch den Hund zum Fressen verleitet. 0,5 g des Wirkstoffes pro kg Körpergewicht sind giftig. Erste Hilfe kann mit der Gabe von Kohletabletten geleistet werden.

Frostschutzmittel

Das blaue Wundermittel gegen Frost ent-hält Ethylenglykol. Das höchst gefährliche Gift hat einen sehr süßen Geschmack, was den Hund zum Aufschlecken der ge-ruchslosen Flüssigkeit verleitet. Schon kleine Mengen führen über ein Kreislauf- und Nierenversagen zum Tod.

Rezeptverzeichnis

Danksagung

Der Traum vom eigenen Buch – eine echte Herzensangelegenheit, die nur mit lieben Freunden, tatkräftiger Unterstützung und vielen guten Geistern zu stemmen ist. Danke an

… Andreas Kelly, mein Soulmate und Buddy in crime, der mich als Erster angestupst hat, zum Stift zu greifen, und ohne den nie ein Gericht auf den Seiten gelandet wäre. Du bist der Beste.

… Birgitta Ornau, die mir nicht nur den tollsten Job der Welt ermöglicht und mir ein großes Vorbild ist, sondern mich tagtäglich unterstützt, antreibt und fördert. Danke, dass wir schon viele verrückte, innovative und geniale Ideen in die Tat umgesetzt haben.

… Anja und Nico, die nicht nur liebe Freunde geworden sind, sondern durch ihre einzigartige Kreativität bestechen.

… Mimi und Muddel, die alle Zweibeiner kulinarisch verwöhnen und ihr großes Herz mit allen teilen.

… Kevin und Helena, meine Lieblings-Küstenkinder, die mir immer helfen, wenn ich sie brauche.

… alle Zwei- und Vierbeiner, die täglich mein Leben bereichern und mir Inspiration bieten. Ich bin glücklich, euch zu haben.

… meine Familie, mein Anker im hohen Norden. Ich hab euch lieb.

Über die Autorin

Hanna Katrin Stephan, geboren und aufgewachsen in Hamburg, hat nach dem Abitur zunächst ein Jahr »journalistische Luft« im Verlagshaus Gruner + Jahr geschnuppert, bevor sie das Studium der Veterinärmedizin an der Tierärztlichen Hochschule Hannover aufgenommen hat. Nach Stationen in der Kleintierpraxis, im Bereich Futtermittelentwicklung und Forschung lebt sie heute als Produktentwicklerin, Ernährungsspezialistin und Autorin in München.

Impressum

Bibliografische Information der Deutschen Nationalbibliothek

Die Deutsche Nationalbibliothek verzeichnet diese Publikation in der Deutschen Nationalbibliografie; detaillierte bibliografische Daten sind im Internet über http://dnb.d-nb.de abrufbar.

BLV Buchverlag GmbH & Co. KG

80636 München

© 2018 BLV Buchverlag GmbH & Co. KG, München

 www.facebook.com/blvVerlag

Bildnachweis:
Alle Fotos von Nicolas Röwenstrunk, außer:
Shutterstock: Eight Photo: 87ul;
Patricia Chumillas: 77; Subbotina Anna: 98 ul;
Arkadiusz Fajer: 98or; manushot: 48/49
fotolia.com: Geoffkuchera: 11; Maksim Shebeko: 55
Grafik: stoklaima – shutterstock.com: 8

Umschlagkonzeption und Gestaltung: BLV-Verlag
Umschlagfotos: Nicolas Röwenstrunk

Lektorat: Elena Gabler
Herstellung: Angelika Tröger
Layoutkonzept Innenteil: Christine Paxmann text • konzept • grafik, München
DTP: Uhl + Massopust GmbH, Aalen

Gedruckt auf chlorfrei gebleichtem Papier

Printed in Germany
ISBN 978-3-8354-1677-2

Hinweis
Das vorliegende Buch wurde sorgfältig erarbeitet. Dennoch erfolgen alle Angaben ohne Gewähr. Weder Autorin noch Verlag können für eventuelle Nachteile oder Schäden, die aus den im Buch vorgestellten Informationen resultieren, eine Haftung übernehmen.

BLV im

WEB